高等学校"十三五"规划教材

网页设计与制作实践

(HTML+CSS)

主　编　李新荣

副主编　甘杜芬　卢　奋　易　烽　蔡秋霞

罗　敏　林庆松　蓝庆娜

西安电子科技大学出版社

内 容 简 介

本书着重实践指导，内容包括 HTML 和 CSS 网页制作技术的训练。

全书共 9 章：第 1~3 章主要介绍了网页制作技术基础知识；第 4 章主要介绍了盒子模型的概念和应用，该模型是网页制作技术的核心基础；第 5 章主要介绍了列表与链接的应用；第 6 章主要介绍了如何利用浮动与定位实现网页布局；第 7 章主要介绍了表格与表单的应用；第 8 章主要介绍了开放平台实用工具的应用；第 9 章介绍了如何制作一个完整的网站首页，以达到整合 HTML 和 CSS 各方面内容与技巧的目的。各章均包含若干实验，每个实验都有详细的分析过程和清晰的制作过程，便于读者在实践中逐步掌握网页制作的技术。

本书可作为大中专院校、培训学校的计算机及相关专业的实验实训教材，也可供网页设计与制作、网站开发等从业人员参考。

图书在版编目(CIP)数据

网页设计与制作实践(HTML+CSS) / 李新荣主编.
—西安：西安电子科技大学出版社，2016.10(2019.12 重印)
高等学校"十三五"规划教材
ISBN 978-7-5606-4292-5

Ⅰ. ① 网⋯　Ⅱ. ① 李⋯　Ⅲ. ① 超文本标记语言—程序设计—高等学校—教材　② 网页制作工具—程序设计—高等学校—教材　Ⅳ. ① TP312　② TP393.092

中国版本图书馆 CIP 数据核字(2016)第 218592 号

策划编辑　陈　婷
责任编辑　张　倩　陈　婷
出版发行　西安电子科技大学出版社(西安市太白南路 2 号)
电　　话　(029)88242885　88201467　　邮　　编　710071
网　　址　www.xduph.com　　　　　电子邮箱　xdupfb001@163.com
经　　销　新华书店
印刷单位　陕西天意印务有限责任公司
版　　次　2016 年 10 月第 1 版　　2019 年 12 月第 4 次印刷
开　　本　787 毫米×1092 毫米　1/16　印　张　8.5
字　　数　198 千字
印　　数　7001~10 000 册
定　　价　24.00 元

ISBN 978-7-5606-4292-5/TP

XDUP 4584001-4

如有印装问题可调换

前　言

网页设计与制作是计算机相关专业的专业基础课程之一。HTML 与 CSS 是网页制作技术的核心基础，也是网页制作者必须掌握的基础知识，二者在网页制作中不可或缺。通过实践才能扎实掌握这些基础知识，这就需要有相应的指导。现今，大部分网页制作指导书主要是运用可视化的网页编辑软件来制作网页，这些软件功能强大，使用便捷，对非专业人员来说只要会使用这些软件就足够了。但对专门从事网页制作的人员来说，还需要熟练掌握 HTML、CSS 等网页制作技术。

本书着重实践指导，内容包括 HTML 和 CSS 网页制作技术的训练。全书共 9 章：第 1～3 章主要介绍了网页制作技术基础知识；第 4 章主要介绍了盒子模型的概念和应用，该模型是网页制作技术的核心基础；第 5 章主要介绍了列表与链接的应用；第 6 章主要介绍了如何利用浮动与定位实现网页布局；第 7 章主要介绍了表格与表单的应用；第 8 章主要介绍了开放平台实用工具的应用；第 9 章介绍了如何制作一个完整的网站首页，以达到整合 HTML 和 CSS 各方面内容与技巧的目的。各章均包含若干实验，且均选用电商网站的实用案例作为实验内容，每个实验都有详细的分析过程和清晰的制作过程。每个实验具体内容大体包括如下五个要点：

(1) 考核知识点(知识点复习纲要)；

(2) 练习目标(实验目的)；

(3) 实验内容及要求(实验要求)；

(4) 实验分析(实现思路)；

(5) 实现步骤(制作步骤)。

学习本书，要做到在知识点梳理过程中对知识点有透彻理解，而后再通过基础练习巩固理论知识，最后再动手实践。

本书条理清晰，实用性和操作性强，可作为大中专院校、培训学校的计算机及相关专业的实验实训教材，也可供网页设计与制作、网站开发等从业人员参考。

本书由桂林电子科技大学李新荣主编，甘杜芬、卢奋、易烽、蔡秋霞、罗敏、林庆松、蓝庆娜任副主编。由于信息技术的发展非常迅速，加之作者水平有限，书中不足之处在所难免，欢迎读者不吝指正。在阅读本书时，如发现问题可以通过电子邮件与编者联系，邮件发至 gdzyjsjx@126.com。

编者

2016.6

目 录

第 1 章　网页制作基础

1.1　知识点梳理

1. Web

Web 对于网站制作、设计者来说，是一系列技术(包括网站的前台布局、后台程序、美工、数据库开发等技术)的复合总称。

2. Web 标准

(1) 结构标准。结构用于对网页元素进行整理和分类，主要包括以下两个部分：

XML(Extensible Markup Language，可扩展标记语言)，其设计的最初目的是为了弥补 HTML 的不足，它具有强大的扩展性，可用于数据的转换和描述。

XHTML(Extensible HyperText Markup Language，可扩展超文本标记语言)，是基于 XML 的标识语言，是在 HTML4.0 的基础上，用 XML 的规则对其进行扩展建立起来的，它实现了 HTML 向 XML 的过渡。

(2) 表现标准。表现用于设置网页元素的版式、颜色、大小等外观样式，主要指的是 CSS(Cascading Style Sheet，层叠样式表)。CSS 标准建立的目的是以 CSS 为基础进行网页布局，控制网页的表现。CSS 布局与 XHTML 结构语言相结合，可以实现表现与结构的分离，使网站的访问及维护更加容易。

(3) 行为标准。JavaScript 是 Web 页面中的一种脚本语言，通过 JavaScript 可以将静态页面转变成支持用户交互并响应相应事件的动态页面。

1.2　动 手 实 践

实验 1　Dreamweaver 初始化设置

1. 考核知识点

工作区布局设置、面板开关、代码提示设置、浏览器设置。

2. 练习目标

掌握 Dreamweaver 的基本设置操作。

3. 实验内容及要求

(1) 把工作区布局设置为"经典"布局。

(2) 打开"属性"、"文件"面板。

(3) 设置代码提示功能。

(4) 设置主浏览器为谷歌浏览器(Google Chrome)。

4. 实现步骤

(1) 打开 Dreamweaver，进入 Dreamweaver 界面。

(2) 将工作区布局设置为"经典"布局。设置步骤为：选择菜单栏"窗口→工作区布局→经典"命令。经典布局界面如图 1-1 所示。

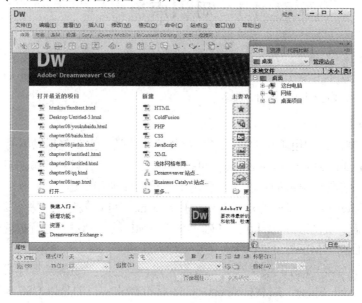

图 1-1　Dreamweaver 经典布局界面

(3) 设置代码提示功能。Dreamweaver 有代码提示功能，可以提高代码输入的速度。设置步骤如下：

① 选择菜单栏"编辑→首选参数"命令，打开"首选参数"对话框。

② 在"首选参数"对话框的"分类"列表中选择"代码提示"，在"结束标签"中选择第二项，最后在"选项"中勾选"启用代码提示"，如图 1-2 所示。

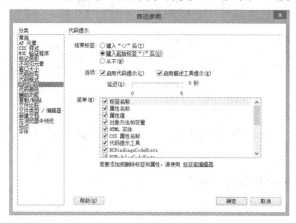

图 1-2　Dreamweaver 代码提示设置

(4) 设置主浏览器为谷歌浏览器(Google Chrome)。设置步骤如下：

① 选择菜单栏"编辑→首选参数"命令，打开"首选参数"对话框。

② 在"首选参数"对话框的"分类"列表中选择"在浏览器中预览"，在右侧的"浏览器"列表中，如果已有 chrome 浏览器，则选择"chrome"，并将"默认"选项勾选为"主浏览器"，如图 1-3 所示。

③ 如果"浏览器"列表中没有 chrome 浏览器，则先点击"+"按钮，再打开"添加浏览器"对话框。在对话框的名称栏上填写"chrome"，并点击"浏览"按钮，找到谷歌浏览器(chrome.exe)的安装路径，并在"默认"选项勾选"主浏览器"，如图 1-4 所示。最后单击"确定"按钮，完成设置。

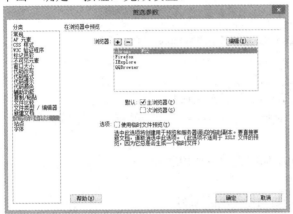

图 1-3　Dreamweaver 浏览器设置

图 1-4　添加浏览器对话框

实验 2　制作第一个网页

1. 考核知识点

使用 Dreamweaver 创建网页。

2. 练习目标

使用 Dreamweaver 创建一个包含 HTML 结构和 CSS 样式的简单网页。

3. 实验内容及要求

请做出如图 1-5 所示的效果，并在 chrome 浏览器中进行测试。

要求：在代码视图中完成。

图 1-5　实验 2 效果图

4. 实现步骤

(1) 打开 Dreamweaver，选择菜单栏里的"文件→新建"命令，打开"新建文档"对话框，在对话框左侧选择"空白页"，并在页面类型列表中选择"HTML"。最后，单击"创建"按钮，进入文档编辑界面。

(2) 单击"文档"工具栏上的"代码"按钮，切换到"代码"视图，这时在文档窗口中会出现 Dreamweaver 自动生成的代码，如图 1-6 所示。

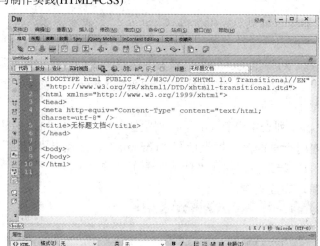

图 1-6　新建 HTML 文档代码视图窗口

(3) 在代码的<title>与</title>标签对之间，输入 HTML 文档的标题，这里将其设置为"桂电"。

(4) 在<body>与</body>标签对之间添加网页的主体内容如下：

　　　　<p>桂林电子科技大学</p>

至此，就完成了网页结构部分，即 HTML 代码的编写。

(5) 选择菜单栏"文件→保存"命令，在对话框中选择文件的保存地址并输入文件名即可保存文件。将本文件命名为"test1.html"，保存在"D:\htmlcss\chapter01"目录下。

(6) 在"文档"工具栏上，单击"在浏览器中浏览→预览在 chrome"，在 chrome 浏览器中运行 test1.html，效果如图 1-7 所示。

图 1-7　页面结构效果图

(7) 编写 CSS 代码。在<head>与</head>标记对中添加 CSS 样式，CSS 样式需要写在<style></style>标签对之间，具体代码如下：

```
<style type="text/css">
p{
    font-size:40px;      /*设置字号为 40 像素*/
    color:blue;       /*设置字体颜色为蓝色*/
    text-align:center;    /*设置文本居中显示*/
}
</style>
```

这时 test1.html 的代码视图如图 1-8 所示。

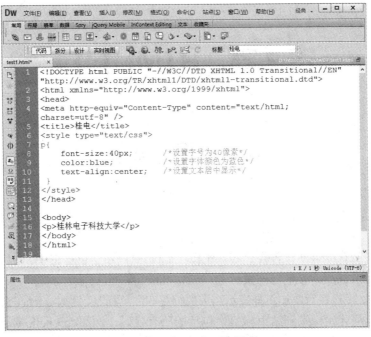

图 1-8　test1.html 代码视图窗口

最后保存代码，并在浏览器中预览，效果如图 1-9 所示。

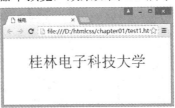

图 1-9　CSS 修饰后的页面效果

第2章 HTML 入门

2.1 知识点梳理

1. 基本名词

(1) HTML：超文本标记语言。

(2) 标记：有"<"起始标记和">"结束标记。

(3) 标签：所有标签都包含在"<"和">"起始标记和结束标记中，例如<html>。

(4) 标签对：有开始标签与结束标签，例如<html> </html>。

(5) 单标签：直接在后面加斜杠表示结束的标签叫做单标签，例如<meta charset="utf-8"/>。

(6) 元素：从开始标签到结束标签中包括的所有代码，例如<p> hello world</p>。

(7) 元素属性：为 HTML 元素提供附件信息，属性总是在开始标签中定义。例如，在超链接标签<a href = "http://www.baidu.com">百度</a>中使用了 href 属性来指定超链接的地址。属性总是以"名称="值""的形式出现，如："href = "http://www.baidu.com""。

2. HTML 基本语法

(1) 所有标签都包含在"<"和">"起始标记和结束标记中，构成一个标签。

(2) 要求所有的标签必须闭合，所有没有成对的空标签必须以"/>"结尾。

(3) 所有的标签和元素都应该嵌套在<html>根元素中，其中的子元素也必须是成对地嵌套在父元素中。

(4) 所有标签元素名称都必须使用小写字母。

错误写法，如：<BODY><P>一段话</P></BODY>。

正确写法，如：<body><p>一段话</p></body>。

(5) 一般的属性值应该包含在引号内。

错误：<img src=bg.gif width=140 height=30 alt=text />。

正确：<img src="bg.gif" width="140" height="30" alt="text" />。

3. HTML 文档基本结构

HTML 文档一般都应包含两部分：头部区域和主体区域，由<html>、<head>、<body>三个标签构成。文档基本结构如下：

```
<html>

<head>

    <! --头部信息，定义网页相关的信息，此处定义的内容不在浏览器中显示-->

</head>
```

```
<body>

    <!--主体信息，包含网页显示的内容-->

</body>

</html>
```

4. 文本标签

(1) 标题标签。网页中的标题与文章中的标题的性质是一样的，它们都表示重要的信息。HTML 提供了 6 个等级的标题标签，分别是<h1>、<h2>、<h3>、<h4>、<h5>和<h6>，从<h1>到<h6>重要性递减。其基本语法格式如下：

```
<hn align="对齐方式">标题文本</hn>
```

该语法格式中 n 的取值为 1 到 6，align 属性为可选属性，用于指定标题的对齐方式。

(2) 段落标签。一个网页也可以分为若干个段落，段落的标签为<p>。其基本语法格式如下：

```
<p align="对齐方式">段落文本</p>
```

该语法格式中 align 属性为<p>标签的可选属性，用于设置段落文本的对齐方式。

(3) 文本样式标签<font>。该标签用来控制网页中文本的字体、字号和颜色。其基本语法格式如下：

```
<font 属性="属性值">文本内容</font>
```

5. 图像标签

在网页中显示图片需要使用图像标签<img />。其基本语法格式如下：

```
<img src="图像 URL" />
```

该语法格式中 src 属性用于指定图像文件的路径和文件名，它是<img />标签的必需属性。img 图片元素属性及属性取值如表 2-1 所示。

表 2-1　img 图片元素属性及属性取值

属　性	属性值	描　　述
src	URL	图像的路径(要用相对路径)
alt	文本	图像不能显示时的替换文本
title	文本	鼠标悬停在图片上时显示的提示信息
width	像素	设置图像的宽度
height	像素	设置图像的高度
border	数字	设置图像边框的宽度
vspace	像素	设置图像顶部和底部的空白(垂直边距)
hspace	像素	设置图像左侧和右侧的空白(水平边距)
align	left	将图像对齐到左边
	right	将图像对齐到右边
	top	将图像的顶端和文本的第一行文字对齐，其他文字居图像下方
	middle	将图像的水平中线和文本的第一行文字对齐，其他文字居图像下方
	bottom	将图像的底部和文本的第一行文字对齐，其他文字居图像下方

2.2 基础练习

(1) 用于定义网页相关信息的标签是_____。

(2) 用于定义 HTML 文档所要显示内容的标签是_____。

(3) 在<meta>标签中使用 name 属性提供搜索内容名称。设置网页关键字时，name 的值为_____。

(4) 请阅读下面的程序，在空白处填写正确的代码。

　　　_____我是一个一级标题喔！_____。_____我是一段文字_____。

(5) 段落标签<p>和标题标签<h1>～<h6>一样，都可以使用 align 属性设置段落文本的对齐方式。align 属性的取值有：左对齐_____、居中_____、右对齐_____。

(6) 在<font 属性="属性值">文本内容</font> 语法中<font>标签常用的属性有三个，分别是文字的字体_____、文字的颜色_____和文字的大小_____。

(7) 网页中常常用到一些包含特殊字符的文本，如"空格"、"版权所有"等。"空格"、"版权所有"的替代代码分别是：_____、_____。"小于号"、"大于号"的替代代码分别是：_____、_____。

(8) 为文字设置粗体、斜体、删除或下划线效果，用到的文本格式化标签分别是：_____、_____、_____、_____。

(9) 在<img src="图像 URL" />语法结构中 src 属性用于指定图像文件的路径和文件名，它是<img>标签的必需属性，还有常用的图像的宽度属性_____、高度属性_____，图像的替换文本属性_____，图像的边框属性_____，设置图像顶部和底部的空白(垂直边距)属性_____，设置图像左侧和右侧的空白(水平边距)属性_____，图像的对齐方式_____等。

(10) <p>元素内容</p>是一个双标签，
 和<hr />是单标签，这句话是否正确？

(11) <p><strong>一个段落中的粗体字</p></strong> 标签能否嵌套？

2.3 动手实践

实验 1 HTML 元素和属性

1. 考核知识点

HTML 文档基本格式、HTML 标签、元素的属性、特殊字符录入等。

2. 练习目标

· 初步了解 HTML 文档基本格式。

· 理解元素的属性。

· 熟练掌握<h1>到<h6>标签的使用。

· 掌握<hr/>标签及其属性的使用。

- 掌握常用特殊字符的录入。
- 能够运用 HTML 文档基本格式制作简单的页面。

3. 实验内容及要求

请做出如图 2-1 所示的效果，并在 chrome 浏览器中测试。

图 2-1　实验 1 效果图

要求：

(1) 标题字号比正文字号要大。

(2) 正文前面空两字。

(3) 标题和最后一行在页面居中显示。

(4) 版权信息和正文中间加一条较粗的绿色水平线。

4. 实验分析

此页面由标题、段落和水平线组成。标题用标签<h1>，段落用标签<p>，水平线用标签<hr/>，正文前的两字空白用特殊字符的替代代码 " "， "@" 用特殊字符的替代代码 "©"。标题和版权信息的居中显示使用对齐属性 align 实现。水平线颜色使用 color 属性实现，线宽使用 size 属性实现。

5. 实现步骤

(1) 新建 HTML 文档，并保存为 "test1.html"。

(2) 制作页面结构。根据以上实验分析，使用相应的 HTML 标签来搭建网页结构。代码如下：

1 <!DOCTYPE html PUBLIC "-//W3C//DTD XHTML 1.0 Transitional//EN" "http://www.w3.org/TR/xhtml1/DTD/xhtml1-transitional.dtd">

2 <html xmlns="http://www.w3.org/1999/xhtml">

3 <head>

4 <meta http-equiv="Content-Type" content="text/html; charset=utf-8" />

5 <title>实验 1-- 文本标签</title>

6 </head>

7 <body>

8 <h1>韩版 OL 风尚蝴蝶结系领动物印花打底衬衫</h1>

9 <p> 精妙的剪裁与面料展现曼妙轮廓，充满当代气息的装束。选用进口的面料打造舒适柔滑的质感。可爱动物印花结合蝴蝶结系带领的设计韩味十足，上身效果俏皮活泼十分减龄。</p>

10 `<hr/>`

11 `<p>&copy;2003-2016 Taobao.com 版权所有</p>`

12 `</body>`

13 `</html>`

保存代码后，在浏览器中预览，效果如图 2-2 所示。

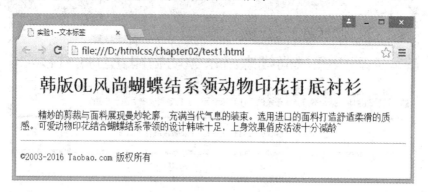

图 2-2　页面结构制作效果图

(3) 设置格式。

① 设置标题居中,在代码行号为 8 的`<h1>`标签中添加属性 align，并设置为居中值 center。代码修改如下：

8　`<h1 align="center">`韩版 OL 风尚蝴蝶结系领动物印花打底衬衫`</h1>`

② 设置横线的颜色及粗细,在代码行号为 10 的`<hr>`标签中添加颜色属性 color 及宽度属性 size，并设置其值。代码修改如下：

10　`<hr color="green"　size="5"/>`

③ 设置最后一行居中,在代码行号为 11 的`<p>`标签中添加属性 align，并设置为居中值 center。代码修改如下：

11　`<p align="center">&copy;2003-2016 Taobao.com 版权所有</p>`

保存代码后，在浏览器中预览，效果如图 2-1 所示。

实验 2　文本格式设置

1. 考核知识点

文本样式标签`<font>`、文本格式化标签等。

2. 练习目标

- 掌握`<font>`标签的使用方法。
- 了解斜体、粗体、下划线、删除线等文本格式化标签的使用方法。
- 掌握 HTML 文本格式化标签的简单应用。

3. 实验内容及要求

请做出如图 2-3 所示的效果，并在 chrome 浏览器中测试。

图 2-3　实验 2 效果图

要求：按效果图完成相应文本的删除线、粗体、斜体、下划线、颜色的设置。

4. 实验分析

此页面可以看成由 4 个段落组成。用段落标签<p>来构建页面结构，"¥"用特殊字符的替代代码"¥"。删除线、粗体、斜体、下划线、颜色的设置分别用<del>、<strong>、<i>、<u>、<font>标签。

5. 实现步骤

(1) 新建 HTML 文档，并保存为"test2.html"。

(2) 制作页面结构。根据以上分析，使用相应的 HTML 标签来搭建网页结构。代码如下：

1 <!DOCTYPE html PUBLIC "-//W3C//DTD XHTML 1.0 Transitional//EN" "http://www.w3.org/TR/xhtml1/DTD/xhtml1-transitional.dtd">

2 <html xmlns="http://www.w3.org/1999/xhtml">

3 <head>

4 <meta http-equiv="Content-Type" content="text/html; charset=utf-8" />

5 <title>实验 2-文本格式设置</title>

6 </head>

7 <body>

8 <p>价格：¥128.00 </p>

9 <p>淘宝价：¥89.00</p>

10 <p>淘金币可抵0.89 元</p>

11 <p>邮费：¥12.00</p>

12 </body>

</html>

保存代码后，在浏览器中预览，效果如图 2-4 所示。

图 2-4　页面结构制作效果图

(3) 设置文本格式。

① 设置删除线效果，用<del></del>标签对把要设置的内容包起来。修改代码行号为 8 的代码如下：

8 <p>价格：<del>¥128.00</del> </p>

② 设置红颜色粗体效果，用<font><strong></strong></font>嵌套标签对把要设置的内容包起来。修改代码行号为 9 的代码如下：

9 <p>淘宝价：<font color="red"><strong >¥89.00</strong></font></p>

③ 设置斜体效果，用<i></i>标签对把要设置的内容包起来。修改代码行为 10 的代码如下：

10 <p><i>淘金币可抵 0.89 元</i></p>

④ 设置下划线效果，用<u></u>标签对把要设置的内容包起来。修改代码行号为 11 的代码如下：

11 <p>邮费：<u>¥12.00</u></p>

保存代码后，在浏览器中预览，效果如图 2-3 所示。

实验 3 图 文 混 排

1. 考核知识点

图像标签<img/>。

2. 练习目标

• 熟练掌握图像标签<img/>的应用。

• 熟练掌握文本标签的应用。

• 掌握文本标签和图像标签的混合应用。

3. 实验内容及要求

请做出如图 2-5 所示的效果，并在 chrome 浏览器中测试。

图 2-5 实验 3 效果图

要求：

（1）将标题字体设置为"微软雅黑"，并设置颜色为红色。

（2）第一张图片下面有两个段落，第二张图片的对齐属性参照效果图，完成图文混排，并且给每张图片加边框。

（3）两个不同的图文混排用一条水平线隔开，使层次效果更明显。

4. 实验分析

此页面由标题、图片、段落和水平线组成。使用标题标签<h1>、段落标签<p>、水平线标签<hr/>和图像标签<img/>来构建页面结构，然后设置文本格式和图片属性即可完成。

5. 实现步骤

（1）新建 HTML 文档，并保存为"test3.html"。

（2）制作页面结构。根据以上分析，使用相应的 HTML 标签来搭建网页结构。代码如下：

1 <!DOCTYPE html PUBLIC "-//W3C//DTD XHTML 1.0 Transitional//EN" "http://www.w3.org/TR/xhtml1/DTD/xhtml1-transitional.dtd">

2 <html xmlns="http://www.w3.org/1999/xhtml">

3 <head>

4 <meta http-equiv="Content-Type" content="text/html; charset=utf-8" />

5 <title>实验 3-图文混排</title>

6 </head>

7 <body>

8 <h1>保暖设计</h1>

9 <img src="yong.png"/>

10 <p>含绒量：90%鸭绒</p>

11 <p>绒朵大，轻盈蓬松，羽绒球状纤维密布更多三角形小气孔，容纳调温功能更加卓越。绒朵大本身就极难钻绒，轻柔的质感给你更舒适的穿着体验。</p>

12 <hr/>

13 <img src="kou.png"/>

14 <h1>时尚珍珠扣</h1>

15 <p>糖果色一样明亮甜蜜可爱</p>

16 </body>

17 </html>

保存代码后，在浏览器中预览，效果如图 2-6 所示。

图 2-6 页面结构制作效果图

（3）设置图像属性。

① 设置第一张图的宽度属性 width 为 500 px，边框粗细属性 border 为 2。修改代码行号为 9 的代码如下：

9 <img src="yong.png" width="500" border="2"/>

② 设置第二张图的宽度属性 width 为 200 px、边框粗细属性 border 为 2、对齐属性 align

为左对齐、水平边距属性 hspace 为 20px、垂直边距属性 vspace 为 10px、替换文本 alt 为"时尚珍珠扣"。修改代码行号为 13 的代码如下：

13   <img src="kou.png"   width="200" border="2" align="left" hspace="20" vspace="10" alt="时尚珍珠扣"/>

保存代码后，在浏览器中预览，效果如图 2-7 所示。

图 2-7   图像设置效果图

(4) 设置文本格式。

① 设置标题的字体属性 face 为"微软雅黑"，字号属性 size 为"5"，颜色属性 color 为红色。修改代码行号为 8 和代码行号为 14 的代码如下：

8   <h1><font face="微软雅黑" size="5" color="#FF0000">保暖设计</font></h1>

14   <h1><font face="微软雅黑" size="5" color="#FF0000">时尚珍珠扣</font></h1>

② 设置加粗突出显示文本，把要加粗显示的文本用<strong></strong>标签对包起来。修改代码行号为 10 的代码如下：

10   <p><strong>含绒量：90%鸭绒</strong></p>

保存代码后，在浏览器中预览，效果如图 2-5 所示。

实验 4   淘宝宝贝展示

1. 考核知识点

HTML 标签。

2. 练习目标

• 熟练掌握图像标签<img/>的应用。

• 熟练掌握文本标签的应用。

- 掌握文本标签和图像标签的混合应用。

3. 实验内容及要求

请做出如图 2-8 所示的效果，并在 chrome 浏览器中测试。

图 2-8　实验 4 效果图

要求：此效果是实验 1、实验 2 和实验 3 的综合，不再详述。

4. 实验分析

此效果是实验 1、实验 2 和实验 3 的综合，不再详述。

5. 实现代码

1 <!DOCTYPE html PUBLIC "-//W3C//DTD XHTML 1.0 Transitional//EN" "http://www.w3.org/TR/xhtml1/DTD/xhtml1-transitional.dtd">

2 <html xmlns="http://www.w3.org/1999/xhtml">

3 <head>

4 <meta http-equiv="Content-Type" content="text/html; charset=utf-8" />

5 <title>实验 4--淘宝宝贝展示</title>

6 </head>

7 <body>

8 <img src="shirt.png" width="300" height="270" border="2" align="left" hspace="20" vspace="10" alt="A 哆啦衬衫"/>

9 <h1 align="center">A 哆啦韩版 OL 风尚蝴蝶结系领动物印花打底衬衫</h1>

10 <p> 精妙的剪裁与面料展现曼妙轮廓，充满当代气息的装束。选用进口的面料打造舒适柔滑的质感。可爱动物印花结合蝴蝶结系带领的设计韩味十足，上身效果俏皮活泼十分减龄~</p>

11 <p>价格：<del>¥128.00</del> </p>

12 <p>淘宝价：<font color="red"><strong >¥89.00</strong></font></p>

13 <p><i>淘金币可抵0.89 元</i></p>

14 <p>邮费：<u>¥12.00</u></p>

15 <hr color="green" size="5"/>

16 <p align="center">©2003-2016 Taobao.com 版权所有</p>

17 </body>

18 </html>

第 3 章　CSS 入门

3.1　知识点梳理

1. CSS 层叠样式表

(1) CSS：层叠样式表，其作用是让页面中的可视化标签变得美观。

(2) CSS 规则：主要由两个部分构成，分别是选择器和一条或多条声明。语法格式是：

> 选择器{属性:值;属性:值;}

例如，

> p{color:blue;font-size:14px;}

2. CSS 的三种书写方法及优先级

(1) 内联样式：通过标签的 style 属性设置样式。例如：

>

(2) 内嵌式样式：使用 <style></style> 标签对在 HTML 文档的<head></head>头部标签对中定义内部样式表。例如：

> <head>
>
>   <style type="text/css" >
>
>   p{color:red;}
>
>   </style>
>
> </head>

(3) 链入式：链入一个 xxx.css 外部样式文件，通过<link>标签的 href 属性实现。例如：

> <head>
>
>   <link href="css/xxx.css" type="text/css" rel="stylesheet" />
>
> </head>

(4) 三种写法的优先级别：优先级遵循就近原则，内联样式优先，而链入式样式和内嵌式样式的优先级看位置，即在选择器相同的情况下越往后优先级越高。

3. CSS 的选择器

(1) 选择器用于指定 CSS 样式作用的 HTML 元素对象。

(2) 基础选择器。

① 标签选择器：标签名称作为选择器。其语法是：

> 元素标签名称{属性：属性值；}

例如，

> p{color:red; }

标签选择器的应用场景有以下两种：

(a) 改变某个元素的默认样式时，可以使用标签选择器；

(b) 统一文档某个元素的显示效果时，可以使用标签选择器。

② id 选择器：标签中设置 id 属性，在 CSS 样式中使用"#"进行标识，后面紧跟 id 值。例如：#nav{ color:red; }。

③ 类选择器：标签中设置 class 属性，在 CSS 样式中使用"."进行标识，后面紧跟 class 值。例如：.top{ color:red; }。

④ 基础选择器的优先级：标签选择器 ＜ class 选择器 ＜ id 选择器。

(3) 复(混)合选择器。

① 标签指定式选择器：又称交集选择器，由两个选择器构成，其中第一个为标签选择器，第二个为 class 选择器或 id 选择器，两个选择器之间不能有空格。例如：p.paragraph 或 h1#heading。

② 后代选择器：又称为包含选择器，可以选择作为某元素后代的元素。选择器一端包括两个或多个用空格分隔的选择器。例如：p span{ color:red; }。

③ 群组选择器：又称并集选择器，是各个选择器通过逗号连接而成的，任何形式的选择器(如标签选择器、class 类选择器、id 选择器等)都可以作为并集选择器的一部分。如果某些选择器定义的样式完全相同或部分相同，就可以利用并集选择器为它们定义相同的 CSS 样式。例如：p,span,.top,#nav{ color:red; }。

④ 选择符使用原则：准确的选中元素，又不影响其他。

(4) CSS 优先级。定义 CSS 样式时，经常出现多个规则应用在同一元素上。这时，样式叠加就会出现优先级的选择问题。CSS 样式表的叠加规则如下：

规则一：最近的祖先胜出。

规则二：直接样式胜出。

规则三：CSS 样式权重值大的胜出。CSS 的权重如表 3-1 所示。

规则四：权重相同，CSS 遵循就近原则，排在最后一个胜出。

表 3-1　CSS 的权重表

选 择 器	权 重
标签选择器	1 分
类选择器	10 分
id 选择器	100 分
内嵌式样式	1000 分
!important 命令	具有最大优先级，不管权重及位置的远近

(5) id 和 class 两种选择器的命名。命名规则为：只能使用字母、数字、"_"、"+"和"-"等符号；必须以英文字母开头；英文严格区分大小写；见名知义；驼峰命名法。id="idname"idname 唯一，且只能出现一次。class="classname1 classname2" 中 classname 不唯一，并可以有多个，多个 classname 之间以空格隔开。

4. 常见字体和文本样式

常见字体样式属性如表 3-2 所示，常见文本样式属性如表 3-3 所示。

表 3-2   常见字体样式属性

字体样式属性	含　义	备　注
font-size	字体大小	值的相对长度单位：em 相对于当前对象内文本的字体尺寸；px 像素，最常用并且推荐使用 值的绝对长度单位：英寸(in)、厘米(cm)、毫米(mm)和点(Pt)
font-family	字体	中文默认宋体，常用的字体有宋体、微软雅黑、黑体等。中文字体和有空格的英文字体要加引号，当需要设置英文字体时，英文字体名必须位于中文字名之前。可以设置多种字体，中间用英文的逗号隔开，如果浏览器不支持第一个字体，则会尝试下一个，直到找到合适的字体
font-weight	字体粗细	取值：Normal(默认值) ┃ Bold(粗体)┃Bolder(更粗) ┃ Lighter(下义较细) ┃ 100～900(100 的整数倍)
font-style	字体风格	取值：normal(默认值) ┃ italic(斜体) ┃ oblique(倾斜)
font-variant	小型大写字母字体	取值：normal(默认值，浏览器会显示标准的字体)、small-caps(所有的小写字母均会转换为大写，显示小型大写的字体，仅对英文字有效)
font	综合设置字体样式	语法：选择器 {font: font-style font-variant font-weight font-size/line-height font-family;}，属性值必须按顺序书写，并以空格隔开。其中不需要设置的属性可以省略，但必须保留 font-size 和 font-family 属性值

表 3-3   常见文本样式属性

文本样式属性	含　义	备　注
text-indent	首行缩进	属性值可为不同单位的数值，单位 em 表示字符宽度的倍数，建议使用 em 作为单位
text-align	文本对齐方式	取值：left(左对齐(默认值)) ┃ right(右对齐) ┃ center(居中对齐)
text-decoration	文本修饰	取值：none(没有装饰(正常文本默认值)) ┃ underline(下划线)┃overline(上划线) ┃ line-through(删除线)
text-transform	文本的大小写转换	取值：none(不转换(默认值)) ┃ capitalize(首字母大写) ┃ uppercase(全部字符转换成大写)┃lowercase(全部字符转换成小写)
line-height	行高	行间距就是行与行之间的距离，即字符的垂直间距
color	文字颜色	取值：英文的颜色单词、rgb、十六位进制色彩值
letter-spacing	字母间距	属性值可为不同单位的数值，允许使用负值，默认值为 normal
word-spacing	单词间距	属性用于定义英文单词之间的间距，对中文字符无效
white-space	空白符的处理	normal：常规(默认值)，文本中的空格、空行无效，满行(到达区域边界)后自动换行 pre：预格式化，按文档的书写格式保留空格、空行原样显示 nowrap：空格空行无效，强制文本不能换行，除非遇到换行标签 。内容超出元素的边界也不换行，若超出浏览器页面则会自动增加滚动条

5. HTML、CSS 语法书写规范

① 所有英文均使用英文半角状态下的小写字母, 标点符号也必须在英文半角状态下输入。

② id, class 取值命名必须以字母开头。

③ 所有标签必须闭合。

④ HTML 标签用 tab 键缩进。

⑤ 属性值必须带引号。

⑥ HTML 注释的格式: <!--注释语句-->。

⑦ CSS 注释的格式: /*注释语句*/。

3.2　基础练习

(1) 行内式样式也称为内联样式, 是通过标签的_____属性来设置元素的样式。

(2) 内嵌式样式是将样式写在 HTML 文档的<head>头部标签中, 并且用_____标签对包裹着。

(3) 链入式 CSS 必须将所有 CSS 属性写在以_____为扩展名的外部样式表文件中。

(4) 在 CSS 中, _____属性用于设置字体大小。

(5) 在 CSS 中, _____属性用于设置字体(中文字体默认为宋体, 常用的字体有宋体、微软雅黑和黑体等)。

(6) 在 CSS 中, _____属性用于设置首行缩进。

(7) 在 CSS 中, _____属性用于设置字体的粗细, 其可用属性值为: normal、bold、bolder、lighter 和 100～900(100 的整数倍)。

(8) 在 CSS 中, _____属性用于设置文字字体风格, 其可用属性值: normal(正常字体)、italic(斜体)和 oblique(倾斜)。

(9) 在 CSS 中, _____属性用于设置文字颜色(英文单词、rgb、十六位进制色彩值)。

(10) 在 CSS 中, _____属性用于设置文本行高。

(11) 在 CSS 中, _____属性用于设置文本对齐方式。

(12) 在 CSS 中, _____属性用于设置文本修饰的下划线、上划线、删除线等装饰效果, 其可用属性值如下: none(没有装饰(正常文本默认值))、underline(下划线)、overline(上划线)和 line-through(删除线)。

(13) 在 CSS 中, _____属性用于设置字符的间距。

(14) 在 CSS 中, _____属性用于设置单词间距。

(15) id 选择符_____, 群组选择符_____, class 选择符_____。

(16) 如下 CSS 样式代码:

```
p{ color:red;}

.blue{ color:green;}

#heading{ color:blue;}
```

对应的 HTML 结构为:

```
<p id="heading" class="paragraph"> 桂林电子科技大学职业技术学院</p>
```

请问这段文本最终显示的颜色是_____。

3.3 动手实践

实验1 文章排版一

1. 考核知识点

CSS 样式规则、CSS 文本样式和 CSS 内联式。

2. 练习目标

- 熟练掌握 CSS 样式规则。
- 灵活运用 CSS 内联式的引用方法。
- 熟练掌握常用文本样式。

3. 实验内容及要求

请做出如图 3-1 所示的效果，并在 chrome 浏览器测试。

图 3-1 实验效果图

要求：

(1) 标题居中显示，字体属性设置为"微软雅黑"、加粗、加下划线、颜色为红色。

(2) 段落字体为"微软雅黑"，首行缩进 2 个字符，行高为 24 px。

(3) 用 CSS 内联式设置标题和正文的样式。

4. 实验分析

此页面由标题和段落构成。用内联式样式设置标题样式，其格式为<h1 style=" ">。用内联式样式设置正文段落样式，其格式为<p style=" ">。标题居中，可以使用 CSS 的文本对齐属性 text-align 实现。标题突出显示，设置字体属性为"微软雅黑"、加粗、加下划线、颜色为红色，可以使用 CSS 的字体属性 font-family 来设置字体，使用 CSS 的文字粗细属性 font-weight 来设置字体加粗，使用 CSS 的文本修饰属性 text-decoration 来设置下划线，使用 CSS 的文字颜色属性 color 来设置颜色。段落的首行缩进 2 个字符用 text-indent 属性来设置，使用 line-height 属性来设置段落的行高 24 px。

5.实现步骤

(1) 新建 HTML 文档，并保存为"test1.html"。

(2) 制作页面结构。根据上面的实验分析，使用相应的 HTML 标签来搭建网页结构。代码如下：

1 <!DOCTYPE html PUBLIC "-//W3C//DTD XHTML 1.0 Transitional//EN" "http://www.w3.org/TR/xhtml1/DTD/xhtml1-transitional.dtd">

2 <html xmlns="http://www.w3.org/1999/xhtml">

3 <head>

4 <meta http-equiv="Content-Type" content="text/html; charset=utf-8" />

5 <title>第 3 章实验 1 文章排版</title>

6 </head>

7 <body>

8 <h1>什么是粘纤面料？</h1>

9 <p>粘纤面料是用粘胶纤维经纺织而成的面料，具有柔软、光滑、透气、抗静电、染色绚丽等特性。</p>

10 <p>由于粘胶纤维吸湿性好，穿着舒适，可纺性优良，常与棉、毛或各种合成纤维混纺交织，用于各类服装及装饰用纺织品。</p>

11 <p>粘胶面料又名木天丝，是一种运动型环保面料，因其特殊的纳米螺纹分子结构，保证充足的循氧量，锁住水分，所以拥有相当好的保湿效果。</p>

12 </body>

13 </html>

保存代码后，在浏览器中预览，效果如图 3-2 所示。

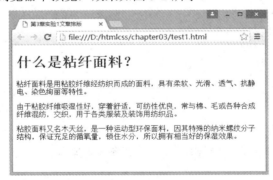

图 3-2　页面结构制作效果图

(3) 设置样式。

① 用内联式样式设置标题样式，修改代码行号 8 处代码如下：

8　<h1 style="font-weight:bolder;font-family:'微软雅黑'; font-size:24px;text-align:center;text-decoration:underline;color:#930;">什么是粘纤面料？</h1>

② 用内联式样式设置第一段段落样式，修改代码行号 9 处代码如下：

9　粘纤面料是用粘胶纤维经纺织而成的面料，具有柔软、光滑、透气、抗静电、染色绚丽等特性。

③ 复制第一段的样式到第二、三段落的标签<p>中。代码行号 10、11 处代码如下：

10 由于粘胶纤维吸湿性好，穿着舒适，可纺性优良，常与棉、毛或各种合成纤维混纺交织，用于各类服装及装饰用纺织品。

11 粘胶面料又名木天丝，是一种运动型环保面料，因其特殊的纳米螺纹分子结构，保证充足的循氧量，锁住水分，所以拥有相当好的保湿效果。

保存代码后，在浏览器中预览，效果如图 3-1 所示。

6. 总结与思考

(1) 用内联式样式设置各段落中相同的样式，需要在各段落标签中定义相同的内联式样式，内联式样式一处写好，却不能多处应用。思考一下，用什么方法能做到"一处定义样式多处应用样式"？

(2) 内联式样式是嵌套在标签中定义的，样式与 HTML 结构混在一起，不方便维护。

(3) 在设置段落首行缩进 2 个字符时，设置 style 属性为 text-indent:2em。用单位 em，无论字号设置多大，首行文本都会缩进两个字符。在设置文章段落首行缩进时，建议使用单位 em。

实验 2 文章排版二

1. 考核知识点

CSS 样式规则、CSS 文本样式、CSS 内嵌式样式、标签选择器。

2. 练习目标

- 熟练掌握 CSS 样式规则。
- 灵活运用 CSS 内嵌式样式。
- 熟练掌握常用文本样式。
- 熟练掌握用标签选择器设置元素的样式的方法。

3. 实验内容及要求

实验内容与上述实验 1 的内容相同，效果如图 3-1 所示。

要求：

(1) 标题居中显示，设置字体属性为"微软雅黑"、加粗、加下划线、颜色为红色。

(2) 段落字体设置为"微软雅黑"，首行缩进 2 个字符，行高为 24 px。

(3) 使用 CSS 内嵌式样式设置标题和正文的样式。

(4) 使用标签选择器设置标题和段落。

4. 实验分析

此页面由标题和段落构成。内嵌式样式设置标题和正文段落样式，即在<head>标签中添加<style type="text/css"></style>标签对，并在该标签对中设置样式。用标签选择器选择标题设置样式，其格式为 h1{ }；用标签选择器选择段落设置样式，其格式为 p{ }。

5. 实现步骤

(1) 新建 HTML 文档，并保存为"test2.html"。

(2) 制作页面结构。参见实验 1 的页面结构代码。

(3) <head>标签中添加<style type="text/css"></style>标签对，并在该标签对中设置样式。

(4) 实现代码如下：

```
<!DOCTYPE html PUBLIC "-//W3C//DTD XHTML 1.0 Transitional//EN" "http://www.w3.org/TR/
xhtml1/DTD/xhtml1-transitional.dtd">

<html xmlns="http://www.w3.org/1999/xhtml">

<head>

<meta http-equiv="Content-Type" content="text/html; charset=utf-8" />

<title>第 3 章实验 2 文章排版</title>

<style type="text/css">

h1{

        font-weight:bolder; /*设置字体加粗*/

        font-family:'微软雅黑'; /*设置字体*/

        font-size:24px; /*设置字体大小为 24px*/

        text-align:center; /*设置文本水平居中对齐*/

        text-decoration:underline;/*设置文本加下划线*/

        color:#930; /*设置字体颜色*/

    }

    p{

        text-indent:2em;   /*设置段落首行文本缩进 2 个字符*/

        font-family:'微软雅黑'; /*设置字体*/

        font-size:18px; /*设置字体大小为 18px*/

        line-height:24px; /*设置行高为 24px*/

    }

</style>

</head>

<body>

<h1>什么是粘纤面料？</h1>

<p>粘纤面料是用粘胶纤维经纺织而成的面料，具有柔软、光滑、透气、抗静电、染色绚丽
等特性。</p>

<p>由于粘胶纤维吸湿性好，穿着舒适，可纺性优良，常与棉、毛或各种合成纤维混纺交织，
用于各类服装及装饰用纺织品。</p>

<p>粘胶面料又名木天丝，是一种运动型环保面料，因其特殊的纳米螺纹分子结构，保证充足
的循氧量，锁住水分，所以拥有相当好的保湿效果。</p>

</body>

</html>
```

保存代码后，在浏览器中预览，效果如图 3-1 所示。

6. 总结与思考

(1) 对比实验 1 与实验 2，实验 2 的样式与 HTML 结构分离了，在一处定义<p>标签样式，HTML 文档中所有的<p>标签都应用了此样式。

(2) 改用 CSS 的样式属性 font 综合设置字体样式定义< h1>标签和<p>标签的字体样式。

实验 3 文章排版三

1. 考核知识点

CSS 样式规则、CSS 链入外部样式、类选择器、id 选择器和群组选择器。

2. 练习目标

• 熟练掌握 CSS 样式规则。

• 熟练掌握 CSS 外部样式的引用方法。

• 熟练掌握常用文本样式。

• 熟练掌握使用类选择器、id 选择器、群组选择器选择元素的方法。

3. 实验内容及要求

实验内容与上述实验 1 的内容相同，效果如图 3-1 所示。

要求:

(1) 标题居中显示，字体属性设置为"微软雅黑"、加粗、加下划线、颜色为红色。

(2) 段落字体设置为"微软雅黑"，首行缩进 2 个字符，行高为 24 px。

(3) 用 CSS 链入外部样式设置标题和正文的样式，需要建立一个样式文件，设该样式文件名为"mystyle.css"。

(4) 用 id 选择器选择标题进行样式设置，设标题的 id 属性值为 heading，用 class 选择器选择段落进行样式设置，设段落的 class 属性值为 paragraph。利用群组选择器为标题和段落定义相同的 CSS 样式。

4. 实验分析

此页面由标题和段落构成。引入外部样式设置标题和正文段落的样式，在<head>标签中引入外部样式文件，语句为<link href="mystyle.css" type="text/css" rel="stylesheet">。用 id 选择器选择标题设置样式，其格式为#heading{ };用类选择器选择段落设置样式，其格式为 .paragraph{ }。标题和段落相同的字体样式定义在群组选择器中，其格式为#heading, .paragraph{ }。

5. 实现步骤

(1) 新建 HTML 文档，并保存为"test3.html"。

(2) 制作页面结构。参见实验 1 的页面结构代码。

(3) 定义 CSS 样式。

① 创建样式表文件。打开 Dreamweaver CS6，选择菜单栏的"文件→新建"命令，进入"新建文档"对话框，如图 3-3 所示。

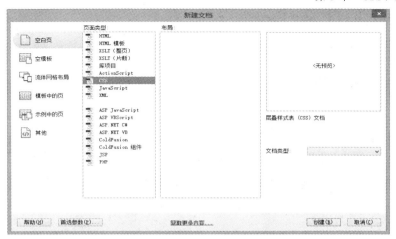

图 3-3　新建 CSS 文档对话框

在"新建文档"对话框中的左侧选择"空白页"，然后在"页面类型"列表中选中"CSS"选项，最后单击"创建"按钮，进入 CSS 文档编辑窗口，如图 3-4 所示。

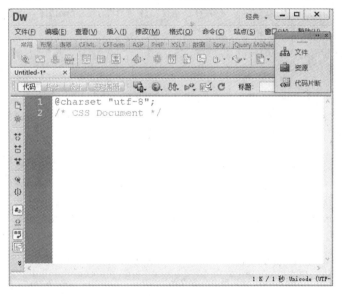

图 3-4　CSS 文档编辑窗口

在图 3-4 所示的 CSS 文档编辑窗口中输入以下代码，并保存为 CSS 样式表文件。

```
#heading,.paragraph{
    font-family:'微软雅黑'; /*设置字体*/

    }
#heading{
font-weight:bolder; /*设置字体加粗*/
    font-size:24px; /*设置字体大小为24px*/
    text-align:center; /*设置文本水平居中对齐*/
    text-decoration:underline;/*设置文本加下划线*/
    color:#930; /*设置字体颜色*/
```

```
        }
    .paragraph{
            text-indent:2em; /*设置段落首行文本缩进 2 个字符*/
            font-size:18px; /*设置字体大小为 18px*/
            line-height:24px; /*设置行高为 24px*/
        }
```

CSS 文件保存方法为选择"文件→保存"命令，进入"另存为"对话框窗口，将文件命名为 mystyle.css，并保存到 test3.html 文件所在的文件夹 chapter03 中。

② 链接引入 CSS 样式表。在 test3.html 的<head>头部标签内，具体位置为<title>标签之后，添加<link />语句，并将 mystyle.css 外部样式表文件链接到 test3.html 文档中，具体代码如下：

```
    <link href="mystyle.css" type="text/css" rel="stylesheet" />。
```

③ 给页面中需要控制的元素添加 id 属性或类名。为页面中需要设置样式的标题添加 id 属性，为段落添加类名。具体代码如下：

1 <!DOCTYPE html PUBLIC "-//W3C//DTD XHTML 1.0 Transitional//EN" "http://www.w3.org/TR/xhtml1/DTD/xhtml1-transitional.dtd">

2 <html xmlns="http://www.w3.org/1999/xhtml">

3 <head>

4 <meta http-equiv="Content-Type" content="text/html; charset=utf-8" />

5 <title>第 3 章实验 3 文章排版</title>

6 <link href="mystyle.css" type="text/css" rel="stylesheet">

7 </head>

8 <body>

9 <h1 id="heading">什么是粘纤面料？</h1>

10 <p class="paragraph">粘纤面料是用粘胶纤维经纺织而成的面料，具有柔软、光滑、透气、抗静电、染色绚丽等特性。</p>

11 <p class="paragraph">由于粘胶纤维吸湿性好，穿着舒适，可纺性优良，常与棉、毛或各种合成纤维混纺交织，用于各类服装及装饰用纺织品。</p>

12 <p class="paragraph">粘胶面料又名木天丝，是一种运动型环保面料，因其特殊的纳米螺纹分子结构，保证充足的循氧量，锁住水分，所以拥有相当好的保湿效果。</p>

13 </body>

14 </html>

最后，保存 test3.html 文档，并在浏览器中运行，其效果如图 3-1 所示。

6. 总结与思考

(1) 内嵌式样式定义的样式，只供当前文档使用，而在外部样式文件中定义的样式，多个文件都可调用。外部样式与 HTML 结构完全分离。

(2) 本实验中，标题和段落的字体都是"微软雅黑"。样式设置时，使用了群组选择器把相同的样式写在一起，以精简 CSS 代码量。

第 4 章 盒 子 模 型

4.1 知 识 点 梳 理

1. 盒子模型

(1) 盒子模型的概念。盒子模型就是一个有高度和宽度的矩形容器，如图 4-1 所示。HTML 页面中的元素可以看作是一个矩形盒子，可以用<div>标签自定义盒子。

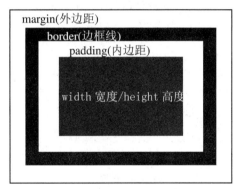

图 4-1 盒子模型

(2) 盒子模型组成部分。

① 内容所占区域：width 宽度、height 高度。

② 填充物：padding 内边距。

③ 盒子边框：border 边框线。

④ 与其他盒子之间的距离：margin 外边距。

(3) 盒子实际所占位置大小的计算公式。

宽度 = 左右 margin + 左右 border + 左右 padding + width。

高度 = 上下 margin + 上下 border + 上下 padding + height。

2. 边框属性(border)

(1) border 边框属性。通过 border 属性设置元素边框的效果。常见写法为：

　　border:线宽 线型 颜色

例如：border:1px solid red，四条边框的效果相同，都是宽为 1 px 的红色单实线。同样也可以对上(top)、下(bottom)、左(left)和右(right)这四条边框进行不同效果的设置。例如：border-top:2px dashed blue。

(2) border 边框单独属性写法。边框线线型 border-style:…;(solid dotted …/可设置 1-4 个值)。

边框线宽 border-width:…;(thin medium thick 具体数值/可设置 1-4 个值)。

边框线颜色 border-color:…;(颜色/可设置 1-4 个值)。

在设置边框线宽、边框线颜色时，必须设置边框线型样式。如果没有设置边框线型样式或边框线型样式设置为 none，则其他的边框属性无效。

(3) border 属性值设置 1~4 个值的含义如下：

① 设 1 个值：表示上下左右边框线的宽度值相同。例如：border:10px; /*上下左右四条边框线的宽度都是 10 px*/。

② 设 2 个值：第 1 个值是上下边框的值，第 2 个值是左右边框的值。例如：border-color: red blue;/*上下边框线的颜色为红色，左右边框线的颜色为蓝色*/。

③ 设 3 个值：第 1 个值是上边框线的值，第 2 个值是左右边框线的值，第 3 个值是下边框线的值。例如：border-width:10px 5px 8px; /*上边框线的宽度为 10 px，左右边框线的宽度为 5px，下边框线的宽度为 8 px*/。

④ 设 4 个值：分别是上右下左边框线的值。例如：border-style: solid dotted dashed double;/* 上边框为单实线，右边框为点线，下边框为虚线，左边框为双实线*/。

3. 内边距(padding)

(1) padding 内边距，用来调整在盒子中内容的位置，其值的单位可以是像素/厘米等长度单位，也可以是百分比。

(2) padding 的值可设置 1-4 个值。

例：padding:10px;　/*上下左右*/

padding:12px 10px;　/*上下　左右*/

padding:10px 15px 10px; /*上　左右　下*/

padding:10px 5px 10px 10px; /*上　右　下　左*/

(3) 单独属性：padding-top:…;padding-right:…;padding-bottom:…;padding-left:…;

(4) padding 的应用。

① 用来调整内容在盒子中的位置。

② 用来调整子元素在父元素中的位置关系。注：padding 属性需要添加在父元素上。

③ padding 值是额外加在元素原有大小之上的，如想保证元素大小不变，需从元素宽或高上减掉添加的 padding 属性值。

4. 外边距(margin)

(1) margin 用来设置元素边框与相邻元素之间的距离，属性值设置 1~4 个值，其写法与 padding 四个方位词(top、right、bottom、left)写法相同。另外 margin 的取值有一个自动值 auto，常用来设置盒子左右居中。例如，margin:10px auto。

(2) 外边距合并。

① 外边距合并是指当两个垂直外边距相遇时，它们将形成一个外边距。合并后的外边距的高度等于两个外边距中高度较大者。

② 当一个元素包含在另一个元素中时，如果没有内边距或边框把外边距分隔开，它们的上外边距或下外边距也会发生合并。

③ 假设有一个空元素，它有外边距，但是没有边框或填充。它的上外边距与下外边距碰

到一起，上下边距就会发生合并。如果这个外边距遇到另一个元素的外边距，也会发生合并。

5. 背景(background)

(1) 设置背景颜色。

> background:red;
>
> backgronnd-color:red。

(2) 设置背景图片。

> background:url("images/1.png");
>
> background-image:url("images/1.png")。

(3) 设置背景图片的平铺(即图片是否重复出现)。

不平铺：background-repeat:no-repeat;

水平方向平铺：background-repeat:repeat-x;

垂直方向平铺：background-repeat:repeat-y;

完全平铺(默认值)：background-repeat:repeat。

(4) 设置背景图片显示的位置。通过属性 background-position 来设置背景图片显示的位置，它的取值可为方位词、数值和百分值。

① background-positon 的方位词，指定背景图片在元素中的对齐方式，取值如下：left top(左上角)、left bottom(左下角)、left center(左居中)、right top(右上角)、right bottom(右下角)、right center(右居中)、center top(上居中)、center bottom(下居中)和 center center(居中)。如果仅规定了一个关键词，那么第二个值将默认为"center"。简单记法：水平方向值：left、center、right；垂直方向值：top、center、bottom；取水平方向值和垂直方向值的组合，例如，background-position: right center;。

② background-positon 的数值取值，直接设置图像左上角在元素中的坐标。其格式为：

background-position:x y;

例如：

background-position:100px 200px;

③ background-positon 的百分值取值，按背景图片和元素的指定点对齐，其格式为：

background-position:x% y%;

例如：

background-position:50% 30%;

如果只有一个百分数，将作为水平值，垂直值则默认为50%。

(5) 设置背景图片是否固定。如果希望背景图片固定在屏幕上，不随页面元素滚动，可以使用 background-attachment 属性来设置。

① background-attachment:fixed; 图片固定在屏幕上，不随内容的滚动而滚动。

② background-attachment:scroll; 随内容的滚动而滚动，一般为默认值。

(6) 背景图片的大小。背景图片的大小可以通过属性 background-size 来设置，background-size 的取值可为数值或百分值。

① background-size 的数值取值，指直接设置图像的图片大小，其格式为

background-size: x   y;

例如：

background-size：100px 100px;

② background-size 百分比取值，指相对原始图片大小的比例，其格式为

background-size: x% y%;

例如：

background-size：50% 50%;。

(7) 综合设置元素的背景。可以将与背景相关的样式都综合定义在一个复合属性 background 中，使用 background 属性综合设置背景样式的语法格式如下：

background:背景色 url("图像") 平铺 定位 固定;

各个样式顺序任意，中间用空格隔开，不需要的样式可以省略。

6. 元素的类型

HTML 元素分为块级元素和行级元素。

(1) 块级元素：默认情况下，块级元素会占据一行的位置，后面的元素内容会换行显示。可控制块级元素宽度 width(没有设置具体宽度数值时，宽度是该元素父级的宽度)、高度 height、上下左右内边距 padding、上下左右外边距 margin、对齐 text-align、首行缩进 text-indent 等属性，常用于网页布局和网页结构的搭建。常见的块级元素有<div></div>、<h3></h3>、<p></p>和<ul></ul> 等。

(2) 行级元素：它只占据内容所占的区域，不强迫它后面的元素在新的一行显示。默认情况下，一行可以摆放多个行级元素(浏览器会解释行级元素标签的换行，行级元素之间会有空隙)。不可控制行级元素的宽度 width、高度 height(但可以设置行高 line-height)，不可控制上下外边距 margin，但可控制左右外边距 margin 和左右内边距 padding。上下内边距 padding 可以填充，但它对其他元素的排列没有影响。对于设置 margin 和 padding 行级元素文档流里的上下元素来说，它们的间距不会因为上下外边距 margin 或者上下内边距 padding 而产生。对齐 text-align 属性无意义，首行缩进 text-indent 属性无效，它们常用于控制页面中文本的样式。常见的行级元素：<b></b>、<span></span>、<del></del>和<font></font>等。

(3) 块元素和行级元素互相转换。块元素和行级元素互相转换是通过属性 display 来设置。display 属性取值决定显示方式：

① display:block;表示此元素将显示为块元素(是块元素默认的 display 属性值)

② display:inline;表示此元素将显示为行级元素(是行级元素默认的 display 属性值)。

③ display:inline-block;表示此元素将显示为行级块元素，可以对其宽高和对齐等属性设置，但是该元素不会独占一行，以块级元素样式显示，以行级元素样式排列。

④ display:none;表示此元素不显示(即隐藏)，不再占用页面的空间，相当于该元素不存在。

(4) 元素嵌套规则。

① 块元素可以嵌套行级元素或某些块元素，但行级元素却不能嵌套块元素，它只能包含其他的行级元素。

② 有几个特殊的块级元素只能包含行级元素，不能再包含块级元素。这几个特殊的标签是：<h1>、<h2>、<h3>、<h4>、<h5>、<h6>、<p>、<dt>。

7. <div>和<span> 标签

① <div>标签是区块容器标记，其默认的状态就是占据整行。常用于实现网页的规划和布局。

② <span>标签是一个行内的容器，其默认状态是行间的一部分，占据行的长短由内容的多少决定。<span>标签常用于定义网页中某些特殊显示的文本，与 class 属性连用。它本身没有固定的表现形式，只有应用样式时，才会产生视觉上的变化。当其他行内标签都不合适时，就可以使用<span>标签。

8. 容器的溢出属性(overflow)

当内容太大以至于无法适应指定的区域时，通过设置 overflow 属性定义溢出元素内容区的内容的处理方式，如下：

① overflow:hidden；表示溢出内容被隐藏。

② overflow:scroll；表示内容会被修剪，产生滚动条。

③ overflow:auto；如果内容被修剪，则产生滚动条。

9. 文本溢出属性(text-overflow)

(1) 取值。

① clip：不显示省略号(...)，而是简单的裁剪。

② ellipsis：当对象内文本溢出时，显示省略标记。

(2) 说明。text-overflow 属性是注解，仅表示文本溢出时是否显示省略标记。它并不具备其他的样式属性定义的功能。要实现溢出时产生省略号的效果，还需定义以下内容：

① 容器宽度：width：value；

② 强制文本在一行内显示：white-space：nowrap;

③ 溢出内容为隐藏：overflow：hidden；

④ 溢出文本显示省略号：text-overflow：ellipsis。

4.2　基础练习

(1) 常见盒子的结构样式属性有：_____宽度、_____ 高度、_____背景、边框_____内边距、_____外边距。

(2) 定义盒子的上边框样式为 2 像素、单实线、红色的语句：_____。

(3) 定义盒子的上内边距为 20 px，左右内边距为 30 px，下内边距为 10 px 的样式语句：_____。

(4) 定义盒子的距离上下左右的外边距都是 10 px 的样式语句：_____。

(5) 定义盒子的左右外边距为 10 px，上下外边距为 20 px 的样式语句：_____。

(6) 一个盒子的 margin 为 20 px，border 为 1 px，padding 为 10 px，content 的宽为 200 px、高为 50 px。求该盒子的宽度和高度，列计算公式求其值。

宽度 =_____。

高度 =_____。

(7) 设置背景图像水平平铺方式的样式语句：_____。

(8) 设定背景图片固定的样式语句：_____。

(9) 设定背景图片居中显示的样式语句：_____。

(10) <div></div>块级元素，把它转换成行级元素的样式语句：_____。

(11) <div>……</div>隐藏该元素的样式语句：_____。

(12) 判断下列 HTML 标签的嵌套是否正确？

① <div><p></p><h3></h3></div>嵌套对否？

② <a href="#"><span></span></a>嵌套对否？

③ <span><div></div></span>嵌套对否？

④ <p><ul><li></li></ul></p>嵌套对否？

⑤ <p><div></div></p>嵌套对否？

4.3　动 手 实 践

实验 1　潮流新品宝贝展示

1. 考核知识点

盒子模型、边框属性、内外边距属性、<div>标签、<span>标签、块元素和行级元素等知识点。

2. 练习目标

- 掌握盒子模型的边框属性、内边距属性和外边距属性。
- 灵活运用边框的复合属性。
- 熟练使用内边距控制盒子内容的位置。
- 熟悉设置一行文本在一个盒子中垂直居中的方法。
- 掌握元素的分类。
- 掌握<span>标签的应用。

3. 实验内容及要求

请做出如图 4-2 所示的效果，并在 chrome 浏览器测试。

图 4-2　实验 1 效果图

要求:

(1) 最外层的大盒子的尺寸设定为宽 350 px、高 540 px,并为其设置单实线型、宽为 1 px、颜色为 #0CC 的边框。

(2) 大标题"潮流新品",字体大小为 18 px,颜色为白色,在宽 85 px、高 30 px、底色为 #09F 的盒中居中显示。

(3) 给定的"汽车"图的宽高均为 350 px。

(4) 小标题"Strati 3D 打印汽车"的字体为"微软雅黑 Light",字号 20 px。

(5) 价格"1999.00",字号 22 px,颜色为 #F00,字型加粗。

(6) "3D 打印"、"修复成本低",颜色 #09F,在边框线为单实线型、宽 1 px、颜色 #09F 的盒中居中显示。

4. 实验分析

1) 结构分析

页面由标题、图片和说明内容组成。所有内容都在一个盒子中,盒子用<div>标签定义,标题用<h1>、<h2>标签定义,图片由<img/>标签定义,说明内容用<p>标签定义,设置特殊效果的内容用<span>标签定义,结构分析如图 4-3 所示。

图 4-3　结构分析图

2) 样式分析

(1) 通过<div>标签进行整体控制,需要对其设置宽度、高度及边框边距样式。

(2) <h1>、<h2>、<p>标签定义的元素都是块级元素,可以设置其高度、宽度、边框、内外边距和背景等属性,实现布局效果。

(3) <span>标签定义的元素是行级元素,可以设置边框、内边距、左右边距,实现行级元素布局效果。

(4) 文字效果按要求设置样式即可。

5. 实现步骤

(1) 新建 HTML 文档，并保存为"test1.html"。

(2) 制作页面结构。根据上面的实验分析，使用相应的 HTML 标签来搭建网页结构，对需要设置样式的元素添加 id 或 class 属性。代码如下所示：

```
1  <!DOCTYPE html PUBLIC "-//W3C//DTD XHTML 1.0 Transitional//EN" "http://www.w3.org/TR/xhtml1/DTD/xhtml1-transitional.dtd">
2  <html xmlns="http://www.w3.org/1999/xhtml">
3  <head>
4  <meta http-equiv="Content-Type" content="text/html; charset=utf-8" />
5  <title>第四章实验1潮流新品宝贝展示</title>
6  </head>
7  <body>
8  <div id="fashion" >
9  <h1>潮流新品</h1>
10 <img src="car.jpg" width="350" height="350" />
11 <h2>Strati 3D 打印汽车</h2>
12 <p>约<span id="price">1999.00</span>元</p>
13 <p id="prt"><span class="prt3d">3D 打印</span><span class="prt3d">修复成本低</span></p>
14 <p id="sales">月销量<span>0</span></p>
15 </div>
16 </body>
17 </html>
```

保存代码后，在浏览器中预览，效果如图 4-4 所示。

图 4-4　HTML 页面结构效果图

(3) 定义 CSS 样式。搭建完页面结构后，接下来使用 CSS 对页面的样式进行布局。采用从整体到局部，从上到下的方式实现图 4-2 所示的效果，具体如下：

① 样式重置(reset)。把页面所用标签的内外边距都置为默认值 0。

　　　body,h1,h2,p,span{margin:0;padding:0;}

② 设置公共样式。文字设置为水平居中，内容的文字大小设置为 12px。

　　p,h2{text-align:center; /*文字居中显示*/}

　　p{font-size:12px;}

③ 设置最外大盒子的样式。

　　　#fashion{width:350px;height:540px; /*设置盒子的宽度高度*/

　　　border:1px solid #0CC; /*border 复合属性设置各边框相同*/

　　　margin:10px auto; /*设置盒子在浏览器中水平居中显示*/}

④ 设置大标题的样式。

　　　h1{width:85px;height:30px; /*设置标题区块的宽度和高度*/

　　　background:#09F; /*设置标题区块的背景色*/

　　　font-size:18px;color:#FFF; /*设置标题的字号大小和颜色*/

　　　line-height:30px;/*设置标题的行高与标题区块的高度一样，标题文字在标题区块中垂直居中显示*/

　　　text-align:center; /*标题文字在标题区块中居中显示*/}

样式实现效果：

潮流新品

⑤ 设置小标题的样式。

　　　h2{font-family:"微软雅黑 Light";font-size:20px;

　　　margin-bottom:10px; /*设置下外边距*/}

⑥ 内容部分布局的设置。

　　　#prt{margin-top:15px; margin-bottom:15px; /*设置上下外边距*/}

　　　.prt3d{border:1px solid #09F;

　　　margin-right:10px; /*设置右外边距，行内元素可以设置左右边外边距*/

　　　padding:5px; /*设置内边距，行内元素可以上下左右内边距*/

　　　color:#09F;}

　　　#sales{

　　　margin:25px 10px 0px;

　　　border-top:1px solid #999; /*设置上边外边距样式*/

　　　height:40px; line-height:40px;

　　　font-family:"微软雅黑";}

样式实现效果：

Strati 3D打印汽车

约1999.00元

3D打印　修复成本低

月销量0

⑦ 文字突出效果设置。

#price{font-size:22px; color:#F00; font-weight:bold;}

#sales span{font-size:16px; font-weight:bold; color:#09F;}

保存代码后，在浏览器中预览，效果如图 4-2 所示。

6. 总结与思考

(1) 若需要单独设置样式的行级元素，却找不到合适的标签时，可以使用<span>标签定义行级元素。

(2) 文本在盒子中垂直居中显示的方法是设置高度属性 line-height 等于盒子的高度。

(3) 行级元素可以设置边框、内边距和左右外边距，不可以设置高度、宽度和上下外边距。

实验2 酷车 e 族宝贝展示

1. 考核知识点

盒子模型、边框属性、内外边距属性、背景设置、盒子模型布局。

2. 练习目标

· 掌握盒子模型的边框属性、内边距属性、外边距属性、背景属性的设置。

· 灵活运用背景的复合属性，掌握调整背景图像位置的方法。

· 熟悉盒子的嵌套使用。

· 灵活运用盒子属性进行布局，使用内边距控制盒子中内容的位置，使用外边距控制盒子的位置。

3. 实验内容及要求

请做出如图 4-5 所示的效果，并在 chrome 浏览器测试。

图 4-5　实验 2 效果图

要求：

(1) 利用盒子模型布局。

(2) 展示区域的高宽均为 500 px，用给定的自行车图片(bicycles.png)做背景。

(3) 所有的文字内容右对齐。

(4) 展示区域的边框色为 #0CC，标题文字的大小分别为 26 px、36 px，价格的文字大小设为 40 px，颜色设为红色并且字体加粗。

4．实验分析

1）结构分析

页面整体由两大部分组成，即图片和说明文字内容。所有内容都包括在展示区域的大盒子中，图片作为大盒子的背景，所有文字内容都嵌套在大盒里的另一个盒子中，文字内容有两个标题，用<h1>和<h2>标签定义。另外两行内容用段落标签<p>定义，价格设置用<span>标签定义，结构布局分析如图 4-6 所示。

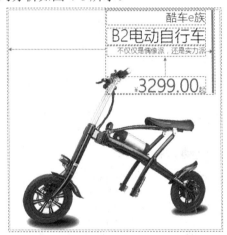

图 4-6　结构布局分析图

2）样式分析

图片作为盒子的背景，在盒子底部水平居中显示，对背景的复合属性进行设置(background:url(bicycles.png) no-repeat center bottom;)。内容区域的盒子(宽 235 px 高 190 px)通过左外边距(230 px)定位到大盒子的右侧；价格所在的段落区块通过上外边距(42 px)定位到内容盒子的最底部；所有文字右对齐；通过设置右内边距，使内容距盒子右边框 15 px。

5．实现步骤

(1) 新建 HTML 文档，并保存为"test2.html"。

(2) 制作页面结构。根据上面的实验分析，使用相应的 HTML 标签来搭建网页结构。代码如下：

1 <!DOCTYPE html PUBLIC "-//W3C//DTD XHTML 1.0 Transitional//EN" "http://www.w3.org/TR/xhtml1/DTD/xhtml1-transitional.dtd">

2 <html xmlns="http://www.w3.org/1999/xhtml">

3 <head>

4 <meta http-equiv="Content-Type" content="text/html; charset=utf-8" />

5 <title>第四章实验 2 酷车 e 族宝贝展示</title>

6 </head>

7 <body>

8 <div id="bicycle">

9 <div id="content">

10 <h1>酷车 e 族<h1>

11 <h2>B2 电动自行车</h2>

12 <p>不仅仅是偶像派，还是实力派</p>

13 <p id="pricep">¥ <span id="price">3299.00</span>起</p>

14 </div>

15 </div>

16 </body>

17 </html>

保存代码后，在浏览器中预览，效果如图 4-7 所示。

图 4-7　HTML 页面结构效果图

(3) 样式设置。

① 样式重置(reset)及公共样式设置。标题和段落标签的内外边距都置为 0。所有文字内容右对齐，字体都设置为"微软雅黑 Light"。

```
h1,h2,p{
    margin:0; padding:0;
    font-family:"微软雅黑 Light"; font-weight:lighter; /*设置字体变细*/
    text-align:right; /*文字内容靠右对齐*/
}
```

② 展示区域大盒子的样式设置。设置盒子的大小、边框及背景。

```
#bicycle{
    width:500px;
    height:500px;
    border:1px solid #0CC;
    background:url(bicycles.png) no-repeat center bottom; /*背景图不重复，底部水平居中显示*/
}
```

③ 设置文字内容盒子的样式。

```
#content{
    width:235px; height:190px;
```

padding-right:15px;/*文字内容与右边框之间的距离*/

border-right:5px solid #F36;/*红色粗线右边框*/

margin-left:230px;/*内容盒子到大盒子左边框的距离*/

}

实现的效果：

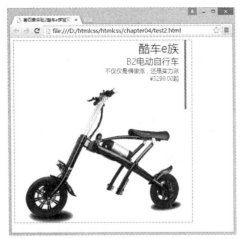

④ 设置标题文字及价格文字的样式。

h1{font-size:26px;}

h2{font-size:36px;}

#price{font-size:40px; font-weight:bold; color:#F00;}

⑤ 定位价格到内容盒子的底部。

#pricep{margin-top:42px;}

保存代码后，在浏览器中预览，效果如图 4-5 所示。

6. 总结与思考

(1) 使用盒子的外边距可以定位盒子的位置，使用内边距可以定位盒子里的内容位置，内外边距都可以用来布局。

(2) 背景图片是可以指定位置的。

(3) 思考：使用展示区域大盒子的内边距可以定位内容盒子的位置吗？

第5章 链接与列表

5.1 知识点梳理

1. <a>标签

(1) <a>标签是超链接标签。其基本语法格式如下：

```
<a href="跳转目标" target="目标窗口的弹出方式">文本或图像</a>
```

属性 href 的取值是页面 URL 地址，即为跳转页面地址，用以实现超链接的功能。若 href 的取值是压缩包文件，则实现下载功能。当 href 的取值是 id 时，点击之后会直接跳转到 id 所在的位置(即锚点)，从而实现同一页面内的不同位置之间的跳转。

属性 target 用于指定链接页面的打开方式，其常用取值有_self 和_blank 两种。其中_self 为默认值，表示在当前窗口打开；_blank 表示在新窗口中打开。例如：<a href=" http://www.baidu.com"target="_blank">百度</a>，点击链接后会在一个新的窗口打开百度网站。

(2) 锚点链接。其作用是实现在同一页面内的不同位置进行跳转。在长文档中，通过创建锚点链接，用户能够快速定位到目标内容。

定义锚点链接的方法：首先给元素定义命名锚记名，其语法为：

```
<标签 id="命名锚记名"></标签>；
```

接着命名锚点链接，语法：

```
<a href="#命名锚记名称"></a>
```

(3) <a>标签注意事项。

① 暂时没有确定链接目标时，通常将<a>标签的 href 属性值定义为"#"(即 href="#")，表示该链接暂时为一个空链接。

② 不仅可以创建文本超链接，在网页中的各种网页元素都可以创建超链接，如图像、表格、音频、视频等。

③ 在某些浏览器中，创建的图像超链接会自动添加边框效果，影响页面美观，通常需要去掉图像的边框效果。把图像的边框属性 border 定义为 0 值，即可去掉所链接图像的边框。

④ <a>标签不能嵌套<a>标签。

2. 伪类

(1) 伪类。所谓伪类并不是真正意义上的类，它的名称是由系统定义的，通常由标签名、类名或 id 名加":"构成。

(2) <a>标签的四个伪类。<a>标签的伪类用于向被选中的超链接元素添加特殊的效果，即超链接元素在特定动作情况下才具备的效果。<a>标签的四个伪类如表 5-1 所示。

表 5-1　超链接<a>标签的伪类

超链接<a>标签的伪类	含　义	特定动作触发
a:link{ CSS 样式规则; }	未访问时超链接的状态(默认)	—
a:visited{ CSS 样式规则; }	访问后超链接的状态	鼠标点击过后
a:hover{ CSS 样式规则; }	鼠标经过时超链接的状态	鼠标划过、悬停
a: active{ CSS 样式规则; }	鼠标点击不动时超链接的状态	鼠标按下

(3) <a>的四个伪类书写顺序。同时使用链接的四种伪类时，通常按照 a:link、a:visited、a:hover 和 a:active 的顺序书写(书写顺序简记为"love hate")，这样四种样式才能循环起作用。

3. <map><area /></map>标签

<map><area /></map>这两个标签的作用是在一张图片中的某些特定位置定义一个或多个热点来创建超链接。

(1) 绘制热点。在 Dreamweaver 中绘制一个热点的操作步骤如下：

① 在"设计"视图中选中图片。

② 在"属性"面板中任意选择一种形状按钮(矩形、圆形或多边形等按钮)。

③ 在图片上绘制热点区域。

④ 按照属性面板上的选项，填上相应的内容。属性面板上的选项"链接"是点击热点区域后的跳转链接地址；选项"目标"是指定链接页面的打开方式；选项"替换"是鼠标悬浮在该热点区域时的提示文字。

(2) 代码和用法解释。

```
<img src="图片地址" alt=""  border=" "  usemap="#  "/>

<map name="  "  id=" ">

<area shape=" "  coords=" "  href=" "  alt=" " />

</map>
```

<img/> 标签中的 usemap 属性与 map 元素的 name 属性相关联，创建图像与热点之间的联系。<area> 标签定义图像中的热点区域(图像中可点击的区域)。area 元素总是嵌套在<map>标签中。<area>标签的 coords 属性定义了图像热点中对鼠标敏感的区域的坐标。坐标的数字及其含义取决于 shape 属性所描述的区域形状。区域形状可定义为矩形(rect)、圆形(circle)或多边形(ploy)等，详细描述如下：

① shape="circle"：区域形状定义为圆型，属性 coords="圆心点 X 坐标，圆心点 Y 坐标，圆的半径"。

② shape="rect"：区域形状定义为矩形，属性 coords="矩形左上角 X 坐标，矩形左上角 Y 坐标，矩形右下角 X 坐标，矩形右下角 Y 坐标"。

③ shape="poly"：区域形状定义为多边形，属性 coords="第一个点 X 坐标，第一个点 Y 坐标，第二个点 X 坐标，第二个点 Y 坐标，…，第 N 个点 X 坐标，第 N 个点 Y 坐标"。

(3) 实例。

```
<img src="webmap.jpg"  usemap="#Map" />

<map name="Map">

  <area shape="circle" coords="370,130,50" href="http://www.baidu.com">
```

<area shape="rect" coords="460,150,566,217" href="http://www.qq.com">

<area shape="poly"

coords="227,251,186,220,168,221,159,234,147,258,141,283,146,300,153,315,161,329,171,336,182,343,201,343,219,339,235,324,238,319,236,313,231,301,227,290,224,280,224,272,224,268,226,261"href=

"http://www.sina.com.cn">

</map>

4. 列表

列表有无序列表、有序列表、自定义列表三种。列表的定义及属性如表 5-2 所示。

表 5-2 列   表

项 目	无序列表	有序列表	自定义列表
定 义	各个列表项之间为并列关系,没有顺序级别之分	其各个列表项会按照一定的顺序排列	自定义列表不仅仅是一列项目,而是项目及其注释的组合。常用于对术语或名词进行解释和描述

基 本 语 法 格式	<ul>
	  <li>列表项 1</li>
	  <li>列表项 2</li>
	  <li>列表项 3</li>
	  ...
	</ul>
		<ol>
		  <li>列表项 1</li>
		  <li>列表项 2</li>
		  <li>列表项 3</li>
		  ...
		</ol>
			<dl>
			  <dt>名词 1</dt>
			  <dd>名词 1 解释 1</dd>
			  <dd>名词 1 解释 2</dd>
			  ...
			  <dt>名词 2</dt>
			  <dd>名词 2 解释 1</dd>
			  <dd>名词 2 解释 2</dd>
			  ...
			</dl>

type 属性取值及项目符号显示(type 属性用于指定列表项目符号)	type="disc"　● type="circle"　○ type="square"　■	type="A"　　A B C D... type="a"　　a b c d... type="1"　　1 2 3 4... type="I"　　I II III... type="i"　　i ii iii...	若无 type 属性,则列表项前没有任何项目符号

注:<ul>,<li>,<ol>,<dl>,<dt>,<dd>是拥有父子级别关系的标签,它们不仅可用于信息的组织,还可用于布局规划。

5.2 基 础 练 习

(1) 根据链接的伪类状态描述,填写伪类。

＿＿＿＿＿＿＿＿＿＿表示未访问时超链接的状态。

＿＿＿＿＿＿＿＿＿＿表示访问后超链接的状态。

＿＿＿＿＿＿＿＿＿＿表示鼠标经过、悬停时超链接的状态。

＿＿＿＿＿＿＿＿＿＿表示鼠标点击不动时超链接的状态。

(2) 在超链接中，当属性 target 取值为"_____"时，意为在当前窗口中打开链接页面。

(3) <map><area /></map>这两个标签的作用就是在一张图片中的某些特定位置定义一个或多个热点来创建超链接。<img/>标签中的 usemap 属性与 map 元素中的"_____"属性相关联。

(4) 请阅读下面无序列表搭建的结构代码，根据注释的要求填写代码。

```
<ul>
    <li_____>食品</li>  <!--指定列表项目符号是"○"样式-->
    <li_____>电气</li> <!--指定列表项目符号是"■"样式-->
</ul>
```

5.3　动 手 实 践

实验 1　页码导航条

1．考核知识点

超链接标签<a>、超链接伪类和元素类型的转换。

2．练习目标

- 掌握文本超链接的定义方法。
- 掌握链接伪类的定义方法。
- 复习元素类型转换的相关知识。

3．实验内容及要求

请做出如图 5-1 所示的效果，并在 chrome 浏览器中测试。

图 5-1　实验 1 效果图

要求：

(1) 页码都用超链接标签<a>定义。

(2) <a>标签样式效果如图 5-1 所示，有宽高、有边框、有底色、没有超链接默认的下划线。

(3) 具有 hover 效果，鼠标移到页码上时，字和边框都变成红色。

(4) 当前页的页码底色为红色，字为白色。

4．实验分析

1) 结构分析

在一个盒子<div>中包含多个<a>超链接元素。

2) 样式分析

实现效果图 5-1 所示样式的思路如下：

(1) 通过最外层的大盒子对页码导航条进行整体控制，需要设置其宽度、高度以及背景色。

(2) 设置超链接标签<a>样式，为其添加背景、文本样式、边框和填充，并将其转换为行级块元素，使其横向排列并能支持宽高设置。

(3) 通过链接伪类实现不同的链接状态。

5. 实现步骤

(1) 新建 HTML 文档，并保存为"test1.html"。

(2) 制作页面结构。根据上面的实验分析，使用相应的 HTML 标签来搭建网页结构。代码如下：

1 <html>

2 <head>

3 <meta http-equiv="Content-Type" content="text/html; charset=utf-8">

4 <title>第五章实验 1 页码条</title>

5 </head>

6 <body>

7 <div class="pages">

8 <a href="#">上一页</a><a href="#">1</a><a href="#">2</a><a href="#" class="active">3</a><a href="#">4</a><a href="#">5</a><span>…</span><a href="#">下一页</a>

9 </div>

10 </body>

11 </html>

保存代码后，在浏览器中预览，效果如图 5-2 所示。

上一页12345…下一页

图 5-2 HTML 结构页面效果图

(3) 样式设置。

① 设置大盒子的样式。

```
.pages{
    width:600px; /*设置盒子宽度*/
    height:40px; /*设置盒子高度*/
    background:#e8e8e8; /*设置盒子的背景颜色*/
    margin:90px auto; /*设置盒子在浏览器中水平居中显示*/
    text-align:center;/*设置盒子内容水平居中显示*/
    line-height:40px;/*设置行高与盒子高度一样，盒子中的内容垂直居中显示*/
}
```

② 设计标签<a>的样式。

```
.pages a{
    text-decoration:none;/*去除超链接的默认下划线*/
    background:#fff; /*设置背景颜色*/
    color:#333333; /*设置字体的颜色*/
    border:1px solid #cdcdcd;
    padding:0 12px;/*用水平填充来设置宽度*/
```

height:28px; line-height:28px; ;/*行高与高度一样高，文字垂直方向居中显示*/

display:inline-block;   /*<a>标签是行内元素，不支持宽高，转换成行级块元素后支持

高度设置*/

　　　}

效果如图 5-3 所示。

图 5-3 <a>的样式效果图

③ 设置<a>标签的伪类。

　　　/*鼠标经过时超链接的状态：字和边框颜色设为红色*/

　　　.pages a:hover{

　　　　　color:red; /*设置字体颜色为红色*/

　　　　　border-color:red; /*设置边框线的颜色为红色*/

　　　}

　　　/*当前页的页码状态：字体加粗，字体颜色设为白色，背景颜色设为红色*/

　　　.pages .active{

　　　　　font-weight:bold; /*设置字体加粗*/

　　　　　color:#fff; /*设置字体颜色为白色*/

　　　　　background:red; /*设置背景颜色为红色*/

　　　}

　　　/*当前页的页码在鼠标经过时的状态：字体颜色设为白色*/

　　　.pages .active:hover{

　　　　　color:#fff; /*设置字体颜色为白色*/

　　　}

保存代码后，在浏览器中预览，效果如图 5-1 所示。

6. 总结与思考

(1) 思考：本实验中用<a>标签的水平填充来设置宽度的优势有哪些？

(2) 思考：本实验中如果<a>标签转换不成行级块元素，还有办法设置<a>标签的高度吗？

(3) HTML 标签搭建网页结构时，所有的超链接元素都写在同一行。如果各超链接元素单独写一行，浏览器会解析换行，并在各页码之间自动增加一定的间距。请将每个超链接元素单独写一行，并在浏览器中预览看一下效果。

实验 2 图片热点超链接

1. 考核知识点

<map><area /></map>标签及其属性的用法。

2. 练习目标

• 掌握<map><area /></map>标签的定义及其属性的设置。

• 熟悉热点区域的绘制及编辑的操作。

3. 实验内容及要求

请做出如图 5-4 所示的效果，并在 chrome 浏览器中测试。

图 5-4 实验 2 效果图

要求：

给定的图片"map.png"上有三个商品，只有在商品图片区域上点击才能进入到相应的商品详情页面。

4. 实验分析

在一张图片中的三个特定区域创建超链接。用<img/>标签插入图片，用<map><area /></map>标签来创建热点区域超链接，此功能可以用 Dreamweaver 生成。

5. 实现步骤

(1) 新建 HTML 文档，并保存为"test2.html"。

(2) 将给定的图片"map.png"插入到页面中。

(3) 在 Dreamweaver 的"设计"视图下，在图片上单击鼠标左键选中图片，此时"属性面板"就会变成图片的属性，如图 5-5 所示。

图 5-5 图片的属性面板

在图片属性面板的左下角有方块、圆形和多边形三个图形按钮，这些按钮是"图片热点"绘制工具。

(4) 给"腰果盘图"加热点链接。单击选择"圆形"热点绘制工具，并将鼠标移动到图片上，这时候鼠标就变成了十字形状，然后在腰果盘图上绘制一个圆，覆盖住腰果图。绘制好圆后，属性面板就会变成该圆形区域的属性，在"链接"项中填上链接地址"http://tao.bb/gX7kI"，在"目标"项中填上"_blank"，在"替换"项中填上"腰果"。

(5) 给"豆浆袋图"加热点链接。依照上面的方法，选中图片，单击选择"方形"热点绘制工具，并在"豆浆袋图"上绘制一个方形热点区域，然后在属性面板的"链接"项中填上链接地址"http://tao.bb/4ZFOJ"，在"目标"项中填上"_blank"，在"替换"项中填上"豆浆"。

（6）给"红酒瓶图"加热点链接。依照上面的方法，选中图片，单击选择"多边形"热点绘制工具，并围绕图片上"红酒瓶图"的边沿点击，直到完全覆盖红酒瓶图为止。热点区域形状是可以编辑的，拖动编辑点，可以改变形状。热点区域效果图如图 5-6 所示。

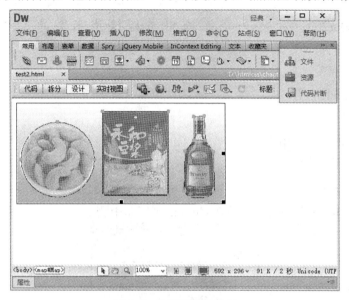

图 5-6　热点区域效果图

生成的代码如下：

1 `<!DOCTYPE html PUBLIC "-//W3C//DTD XHTML 1.0 Transitional//EN" "http://www.w3.org/TR/xhtml1/DTD/xhtml1-transitional.dtd">`

2 `<html xmlns="http://www.w3.org/1999/xhtml">`

3 `<head>`

4 `<meta http-equiv="Content-Type" content="text/html; charset=utf-8" />`

5 `<title>第五章实验图片热点超链接</title>`

6 `</head>`

7 `<body>`

8 `<img src="image/map.png" width="380" height="180" usemap="#Map" border="0"/>`

9 `<map name="Map" id="Map">`

10 `<area shape="circle" coords="75,101,67" href="http://tao.bb/gX7kI" target="_blank" alt="腰果" />`

11 `<area shape="rect" coords="157,15,277,165" href="http://tao.bb/4ZFOJ" target="_blank" alt="豆浆" />`

12 `<area shape="poly" coords="322,24,341,23,343,67,358,87,359,159,344,168,315,168,304,157,306,86,322,67" href="http://tao.bb/OpzBe" target="_blank" alt="红酒" />`

13 `</map>`

14 `</body>`

15 `</html>`

保存代码后，在浏览器中预览，效果如图 5-4 所示。

6. 总结与思考

(1) 思考：如何编辑多边形热点区域？

(2) 思考：如果要在鼠标移至热点区域时显示提示信息，如何设置提示信息？

实验 3　无序列表制作魅力彩妆岁末盛惠广告

1. 考核知识点

无序列表<ul>的应用。

2. 练习目标

• 掌握无序列表的使用方法。

• 复习盒子模型的相关知识。

3. 实验内容及要求

请做出如图 5-7 所示的效果，并在 chrome 浏览器中测试。

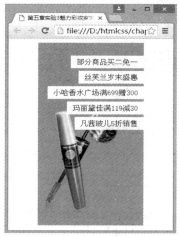

图 5-7　实验 3 效果图

要求：

(1) 用给定的图片做背景。

(2) 用无序列表来定义内容条目。

(3) 样式效果如图 5-7 所示。

4. 实验分析

1) 结构分析

如图 5-7 所示的彩妆优惠单，各优惠条目之间是并列关系。因此，可以用无序列表<ul>进行定义。

2) 样式分析

实现效果图 5-7 所示样式的思路如下：

(1) 运用背景属性(background)为<ul>添加背景图，并设置列表水平居中显示。

(2) 把<li>转换成行级块元素，通过填充来控制<li>的宽高，为<li>设置背景样式。

5.实现步骤

(1) 新建 HTML 文档，并保存为"test3.html"。

(2) 制作页面结构。根据上面的实验分析，使用相应的 HTML 标签来搭建网页结构。代码如下：

```
1 <!DOCTYPE html PUBLIC "-//W3C//DTD XHTML 1.0 Transitional//EN" "http://www.w3.org/TR/xhtml1/DTD/xhtml1-transitional.dtd">

2 <html xmlns="http://www.w3.org/1999/xhtml">

3 <head>

4 <meta http-equiv="Content-Type" content="text/html; charset=utf-8" />

5 <title>第五章实验3魅力彩妆岁末盛惠</title>

6 </head>

7 <body>

8 <ul>

9 <li><a href="#">部分商品买二免一</a></li>

10 <li><a href="#">丝芙兰岁末盛惠</a></li>

11 <li><a href="#">小哈香水广场满 699 赠 300</a></li>

12 <li><a href="#">玛丽黛佳满 119 减 30</a></li>

13 <li><a href="#">凡茜玻儿 5 折销售</a></li>

14 </ul>

15 </body>

16 </html>
```

保存代码后，在浏览器中预览，效果如图 5-8 所示。

图 5-8　页面结构制作效果图

(3) 设置格式。

① 样式重置。

```
ul,li{
    margin:0px; /*去除列表的默认外边距*/
    padding:0px;/*去除列表的默认内边距*/
    list-style-type:none;/*去除列表前的默认项目符号*/
}
a{
    text-decoration:none;/*去除超链接的默认下划线*/
}
```

② 设置列表<ul>的样式。

```
ul{
        width:220px; /*设置列表盒子的宽度*/
        height:399px;/*设置列表盒子的高度*/
        background-image:url(image/cz.jpg);/*设置列表盒子的背景图*/
        margin:10px auto;/* 设置盒子的大小*/
        padding-top:30px;/*列表顶部的内边距离，定位列表项条目内容离顶部的距离*/
        text-align:right;/*所有列表项条目中的文字靠右对齐*/
    }
```

③ 设置列表项<li>的样式。

```
li{
        display:inline-block;/*列表项设置为 inline-block 元素，若列表项盒子没有设置具体的宽度
时，设置 inline-block 后宽度由内容决定*/
        padding:6px 12px; /*用填充来设置列表高度、宽度*/
        margin-bottom:6px; /*设置下外边距*/
        background-color:#fff; /*设置列表项的背景色*/
    }
```

保存代码后，在浏览器中预览，效果如图 5-7 所示。

6. 总结与思考

(1) 内容条目是并列关系时，可以考虑用列表来定义页面结构。

(2) 如果列表项不设置 display:inline-block，动手试试效果。这是为什么呢？

(3) 样式属性 list-style-type 可用来设置项目的类型。

实验4　自定义列表展示商品

1. 考核知识点

自定义列表<dl>和图片创建超链接。

2. 练习目标

• 掌握自定义列表的使用方法。

• 掌握图片创建超链接的方法。

3. 实验内容及要求

请做出如图 5-9 所示的效果，并在 chrome 浏览器中测试。

要求：

(1) 用自定义列表定义页面结构。

(2) 样式效果如图 5-9 所示。

图 5-9　实验 4 效果图

4．实验分析

1）结构分析

图 5-9 所示的木耳商品展示图，由图片和文字两部分构成，文字是对图片的描述和说明。因此，可以通过定义列表实现图文混排效果。其中，在<dt></dt>标签中插入图片，在<dd></dd>标签对中放入对图片解释说明的文字，如图 5-10 所示。

2）样式分析

实现效果图 5-9 所示样式的思路如下：

(1) 为<dl>设置宽高、填充和边框样式。

(2) 为<dd>设置字体样式。

图 5-10　结构分析图

5．实现步骤

(1) 新建 HTML 文档，并保存为"test4.html"。

(2) 制作页面结构。根据上面的实验分析，使用相应的 HTML 标签来搭建网页结构，代码如下：

1 <!DOCTYPE html PUBLIC "-//W3C//DTD XHTML 1.0 Transitional//EN" "http://www.w3.org/TR/xhtml1/DTD/xhtml1-transitional.dtd">

2 <html xmlns="http://www.w3.org/1999/xhtml">

3 <head>

4 <meta http-equiv="Content-Type" content="text/html; charset=utf-8" />

5 <title>第五章实验4 自定义列表</title>

6 </head>

7 <body>

8 <dl class="cp">

9 <dt class="img-title">

10 <a class="img-wrap" target="_blank" href="" title="批发、口感醇厚、无根肉厚、件=斤" ><img src="image/muer.jpg" ></a>

11 </dt>

12 <dd class="title"><a href="" title="批发、口感醇厚、无根肉厚、件=斤">随州农产品干货黑木耳</a></dd>

13 <dd class="info"> 批发价：¥<span class="price">37.00</span>/件</dd>

14 <dd class="info">买家数：138 人</dd>

15 <dd class="info">已售：15562 件</dd>

16 </dl>

17 </body>

18 </html>

保存代码后，在浏览器中预览，效果如图 5-11 所示。

(3) 设置格式。

① 样式重置及设置公共样式。

图 5-11　页面结构制作效果图

```
body,dl,dt,dd{
        margin:0; /*去除默认外边距*/
        padding:0; /*去除默认内边距*/
        font-family:"宋体";
    }
    a{
        text-decoration:none;/*去除超链接默认的下划线*/
        color:#333; /*设置字体颜色*/
    }
    img{
        border:none; /*设置图片没有边框，去除图片创建超链接后添加的边框*/
        vertical-align:top; /*设置图片顶部对齐*/
    }
```

② 设置盒子的样式。

```
    .cp{
        width:150px; /*设置盒子的宽为 150px*/
        height:230px; /*设置盒子的高度为 230px*/
        padding:20px; /*设置盒子的内边距为 20px*/
        border:1px solid #999; /*设置盒子的边框：1px 实线 颜色为#999*/
        margin:20px auto; /*设置盒子水平居中显示*/
    }
```

③ 设置文字的样式。

```
    .title{
        color:#333; /*设置文字的字体颜色*/
        font-size:14px; /*设置字体的大小为 14px*/
        font-weight:bold; /*设置字体加粗显示*/
        padding:10px 0 3px 0; /*设置内边距：上为 10px 下为 3px 左右为 0*/
    }
    .info{
        color:#999; /*设置文字的字体颜色为#999 */
        font-size:12px;/*设置文字的字体大小为 12px */
        line-height:18px; /*设置行高为：18px*/
    }
    .price{
        color:#F00; /*设置文字的字体颜色为# F00 */
        font-weight:bold; /*设置文字加粗显示 */
        font-size:14px; /*设置文字的字体大小 14px；*/
    }
```

保存代码后，在浏览器中预览，效果如图 5-9 所示。

6. 总结与思考

(1) 当页面内容结构可以划分为一个盒子的两部分内容，且其中一部分是列表时，可以考虑用自定义列表来定义该页面结构。

(2) 图片加超链接后会给图片添加边框，在本实验中，如不设置图片样式 border:none，会产生什么效果？

实验 5　服装鞋包菜单制作

1. 考核知识点

自定义列表<dl>、CSS Sprites(图片精灵)技术。

2. 练习目标

- 掌握自定义列表的使用方法。
- 掌握采用列表项创建超链接的方法。
- 熟悉掌握 CSS Sprites(图片精灵)技术。

3. 实验内容及要求

请做出如图 5-12 所示的效果，并在 chrome 浏览器中测试。

要求：

(1) 用自定义列表定义页面结构。

(2) 用给定图片上的图标做列表项的项目符号。

(3) 鼠标经过时，超链接的状态字变为红色。

图 5-12　实验 5 效果图

4. 实验分析

1) 结构分析

页面结构可以划分为一个盒子的两部分内容，上面部分是菜单名，下面部分是菜单项列表。结构分析如图 5-13 所示。可以用自定义列表来定义页面结构，用<dt>标签定义菜单名，用<dd>标签定义菜单项。

2) 样式分析

(1) 设置<a>标签的文本样式，通过链接伪类实现不同的链接状态。

(2) 通过<dl>标签对菜单栏进行整体控制，需要对其设置宽度、高度、填充以及背景色。

(3) 设置<dt>标签的高度和外边距。

(4) 设置<dd>标签的高度和外边距。

(5) 列表项的项目符号用 CSS Sprites(图片精灵)技术制作。

图 5-13　结构分析图

5. 实现步骤

(1) 新建 HTML 文档，并保存为"test5.html"。

(2) 制作页面结构。根据上面的实验分析，使用相应的 HTML 标签来搭建网页结构。代码如下：

1 <!DOCTYPE html PUBLIC "-//W3C//DTD XHTML 1.0 Transitional//EN" "http://www.w3.org/TR/xhtml1/DTD/xhtml1-transitional.dtd">

2 <html xmlns="http://www.w3.org/1999/xhtml">

3 <head>

4 <meta http-equiv="Content-Type" content="text/html; charset=utf-8" />

5 <title>第五章实验5 服装鞋包菜单制作</title>

6 </head>

7 <body>

8 <dl>

9 <dt>服装鞋包</dt>

10 <dd class="bg1"><a href="#">男装</a></dd>

11 <dd class="bg2"><a href="#">女装</a></dd>

12 <dd class="bg3"><a href="#">内衣</a></dd>

13 <dd class="bg4"><a href="#">鞋靴</a></dd>

14 <dd class="bg5"><a href="#">箱包</a></dd>

15 <dd class="bg6"><a href="#">奢侈品</a></dd>

16 </dl>

17 </body>

18 </html>

图 5-14　页面结构制作效果图

保存代码后，在浏览器中预览，效果如图 5-14 所示。

(3) CSS 样式设置。

① 样式重置(reset)。将页面用到的标签的默认内外边距都设置为 0。

```
dl,dt,dd{
    margin:0; /*去除默认外边距 */
    padding:0; /*去除默认内边距 */
}
```

② 设置<a>标签样式。

```
a{
    text-decoration:none; /*去除超链接默认的下划线*/
}
a:hover{
    color:#F00; /*鼠标经过时超链接的状态：字体设为红色*/
}
```

③ 设置<dl>标签盒子的样式。

```
dl{
    width:80px; /*设置宽为 80px */
    height:240px; /*设置高为 240px */
```

```
background-color:#C2DEDE; /*设置背景颜色为#C2DEDE */
padding:10px; /*设置内边距为：10px */
}
```

④ 设置菜单名<dt>标签的样式。

```
dt{
    height:26px; /*设置高为 26px */
    line-height:26px;/*行高与盒子一样，盒子中的内容垂直居中显示*/
margin-bottom:10px;/*底部外边距设为 10px 间距*/
}
```

⑤ 设置菜单项<dd>标签的样式。

```
dd{
    height:26px; /*设置高为 26px */
    line-height:26px; /*行高与盒子一样，盒子中的内容垂直居中显示*/
    padding-left:30px; /*左内边距设 30px 填充*/
    margin-bottom:10px; /*底部外边距设 10px 间距*/
    background:url("image/clothesicon.png") no-repeat;/*设置背景图片不重复*/
}
.bg1{background-position:0 0;}/*设置第 1 项的背景图片位置*/
.bg2{background-position:0 -26px;}/*设置第 2 项的背景图片位置*/
.bg3{background-position:0 -52px;}/*设置第 3 项的背景图片位置*/
.bg4{background-position:0 -78px;}/*设置第 4 项的背景图片位置*/
.bg5{background-position:0 -104px;}/*设置第 5 项的背景图片位置*/
.bg6{background-position:0 -130px;}/*设置第 6 项的背景图片位置*/
```

保存代码后，在浏览器中预览，效果如图 5-12 所示。

6. 总结与思考

本实验中把背景图片整合到一张图片文件中，再利用 CSS 的"background-image"、"background-repeat"和"background-position"的组合进行背景定位。background-position 可以用数字精确地定位出背景图片的位置，这是 CSS Sprites(图片精灵)技术。它的优点是能够减少网页的 http 请求，从而提高页面的性能。

第6章 浮动与定位

6.1 知识点梳理

1. 文档流

在文档可显示的元素中，块级元素独占一行或多行，自上而下排列；行级元素按自左到右的顺序排列。总体按自上而下，自左到右的顺序排列。

2. 浮动

(1) 浮动的定义。浮动的元素脱离文档流，按照指定方向(向左或向右)进行移动，直到它的外边缘碰到父元素的边框或另一个浮动框的边框为止。浮动框由于不在文档流中，所以不再占据原来所占据的位置。浮动可用于实现多列功能：在标准文档流中，块级元素默认一行只能显示一个，而使用 float 属性可以实现一行显示多个块级元素的功能。

在 CSS 中，通过 float 属性来定义浮动的基本语法格式为：选择器{float:属性值;}。属性值可取向左浮动(float:left)、向右浮动(float: right)和不浮动(float:none(默认值))。

(2) 清除浮动。由于浮动元素不再占用原文档流的位置，所以它会对页面中其他元素的排版产生影响，这时就需要在该元素中清除浮动。清除左侧浮动的影响：clear:left；清除右侧浮动的影响 clear:right；同时清除左右两侧浮动的影响: clear:both。

元素的 float 属性是漂浮，float 的本质好比向左、向右看齐。clear 的本质是用来换行，使浮动元素占据位置。

(3) inline-block 元素与 float 元素的比较如表 6-1 所示。

表 6-1　inline-block 元素与 float 元素的比较

inline-block 元素	float 元素
1. 使块元素在一行显示 2. 使内嵌元素支持宽高 3. 代码换行被解析 4. 不设置宽度的时候宽度由内容撑开 5. 在原文档流中	1. 使块元素在一行显示 2. 使内嵌元素支持宽高，变成块级元素 3. 代码换行不被解析 4. 不设置宽度的时候宽度由内容撑开 5. 不再占用原文档流的位置，不在文档流中 6. 提升层级半层，下面的层内容会被挤出来

3. 定位

(1) 定位的定义。定义元素框相对于正常位置要出现的位置，或者相对于父元素，或者是相对于浏览器窗口的位置。在 CSS 中，元素的定位属性主要包括定位模式 position 属性和方向偏移量属性(top、bottom、left 或 right)，用于精确定义定位元素的位置。

position 属性用于定义元素的定位模式，其基本语法格式为：选择器{position:属性值;}。
position 属性的常用值及其含义如表 6-2 所示。

表 6-2 position 属性值

position 属性值	描　　述
static(静态定位)	默认值。没有定位，元素出现在正常的流中
relative(相对定位)	生成相对定位的元素，相对于元素本身正常位置进行定位(通过设置垂直或水平位置，使这个元素"相对于"它的起点进行移动) 相对定位的元素，不影响元素本身的特性，没有脱离文档流，它在文档流中的位置空间仍然保留。如果没有定位偏移量，对元素本身没有任何影响。相对定位一般都是配合绝对定位元素使用的 元素的位置通过"left"、"top"、"right"以及"bottom"属性进行设置
absolute(绝对定位)	生成绝对定位的元素，相对于最近的已经定位(绝对、固定或相对定位)的父元素进行定位。若所有父元素都没有定位，则依据文档对象(浏览器窗口)进行定位 绝对定位的元素，脱离文档流，不在正常的文档流中，不再占原来的位置空间。如果绝对定位的元素是内嵌元素，可以支持宽高设置，变成块级元素；如果是块级元素，没有指定宽高时，宽度由内容撑开 元素的位置通过"left"、"top"、"right"以及"bottom"属性进行设置
fixed(固定定位)	生成固定定位的元素，相对于浏览器窗口进行定位。位置固定在窗口的某个位置，不管浏览器滚动条如何拖动，也不管浏览器窗口的大小如何变化，该元素都会始终显示在浏览器窗口的固定位置 固定定位的元素，脱离文档流，不在正常的文档流中，不再占原来的位置空间。如果固定定位的元素是内嵌元素，可以支持宽高设置，变成块级元素；如果是块级元素，没有指定宽高时，宽度由内容撑开 元素的位置通过"left"、"top"、"right"以及"bottom"属性进行设置

边偏移量属性 top、bottom、left 或 right 用于精确定义定位元素的位置，其取值为不同单位的数值或百分比。具体解释如表 6-3 所示。

表 6-3 边偏移量属性

边偏移量属性	描　　述
top	顶部偏移量，定义元素相对于其参照的元素的上边框的距离
bottom	底部偏移量，定义元素相对于其参照的元素下边框的距离
left	左侧偏移量，定义元素相对于其参照的元素左边框的距离
right	右侧偏移量，定义元素相对于其参照的元素右边框的距离

(2) 层级关系。当对多个元素同时设置定位时，定位元素之间有可能会发生重叠，默认后面的层级高于前面的。在 CSS 中，要想调整重叠定位元素的堆叠顺序，可以对定位元素应用层叠等级属性 z-index，其取值可为正整数、负整数或 0。z-index 的默认属性值是 0，取值越大，定位元素在层叠元素中越居上。

4. 宽度由内容撑开的元素

除行级元素外，若元素没有指定具体的宽高，且设置的样式是以下之一，则元素的宽度由内容撑开。可设置的样式有：display:inline、display:inline-block、float:left/right、position:absolute 和 position:fixed。

6.2 基础练习

(1) 设置了浮动属性的元素_____正常的文档流，原来所占据位置的_____占据。

(2) 设置了绝对定位的元素_____正常的文档流，原来所占据位置的_____占据。

(3) 设置了相对定位的元素_____正常的文档流，原来所占据位置的_____占据。

(4) 绝对定位的元素是以_____作为参照物进行定位的。

(5) 相对定位的元素是以_____作为参照物进行定位的。

(6) _____是以浏览器窗口作为参照物来定位的。

(7) position 属性用于定义元素的定位模式，position 属性的常用值有_____、_____、_____、_____。

(8) 边偏移量属性用于精确定义定位元素的位置，边偏移量属性有_____、_____、_____、_____。

(9) 要想调整重叠定位元素的堆叠顺序，可以对定位元素应用层叠等级属性 z-index。z-index 属性仅对_____元素生效。z-index 取值越大，定位元素在层叠元素中越_____。

(10) 块级元素在没有指定具体宽度时，如果设置样式属性_____或_____或_____或_____或_____，那么宽度由内容撑开。

6.3 动手实践

实验1 食品农业市场商品展示

1. 考核知识点

元素的浮动属性 float 和清除浮动。

2. 练习目标

- 熟练使用浮动属性。
- 深刻理解 float 属性的布局定位。
- 灵活运用 float 属性实现图像和文本排列美观大方的布局。
- 掌握用 after 伪对象清除浮动的方法。
- 掌握列表的应用。

3. 实验内容及要求

请做出如图 6-1 所示的效果，并在 chrome 浏览器测试。

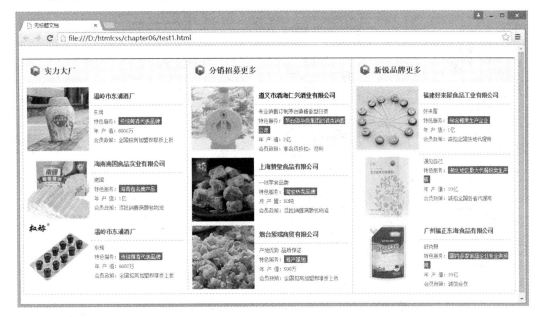

图 6-1 实验 1 效果图

要求：

(1) 利用浮动进行布局定位。

(2) 样式效果如图 6-1 所示。

4. 实验分析

1) 结构分析

此页面整体可以分为在一个大盒子里并列着的左中右三个盒子，这三个盒子可以通过三个<div>标签进行定义，整体结构分析如图 6-2 所示。并列的三个盒子里的内容结构相同，均由一个标题和三个商品展示组成。其中，标题用<h3>标签定义，商品展示部分可以用无序列表<ul>进行定义。由于每一个商品展示的结构也相同，即左侧一张商品图片、右侧由标题和说明内容条目构成，因此左侧用一个<div>标签定义，右侧用自定义列表<dl>进行定义。模块结构分析如图 6-3 所示。

2) 样式分析

(1) 通过最外层的大盒子对页面进行整体控制，并设置其宽度、边框及边距等样式。

(2) 对并列的左中右三个盒子的三个<div>标签应用左浮动，并设置其宽度，左中两个<div>标签设置右边框线。

(3) 为标题<h3>标签设置行高和背景，并使用左内边距属性调整文本内容的位置，空出来的位置显示标题的图标。

(4) 设置商品展示区域列表的样式，对商品展示区域进行整体控制，并设置其填充及边距等样式。

(5) 设置商品展示内容的样式，商品图片区域<div>标签和文字描述列表区域都进行左浮动,列表项<li>要应用清除浮动样式,然后设置文字描述的文本样式。

(6) 对最外层的大盒子应用清除浮动样式。

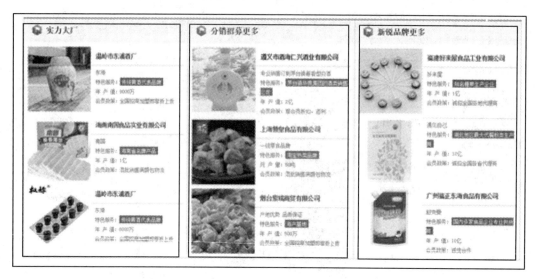

图 6-2 整体结构分析

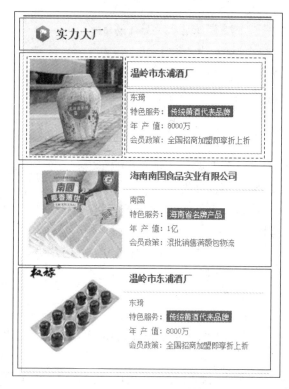

图 6-3 模块结构分析

5. 实现步骤

(1) 新建 HTML 文档,并保存为"test1.html"。

(2) 制作页面结构。根据上面的实验分析,使用相应的 HTML 标签来搭建网页结构。

代码如下：

1 <!DOCTYPE html PUBLIC "-//W3C//DTD XHTML 1.0 Transitional//EN" "http://www.w3.org/TR/xhtml1/DTD/xhtml1-transitional.dtd">

2 <html xmlns="http://www.w3.org/1999/xhtml">

3 <head>

4 <meta http-equiv="Content-Type" content="text/html; charset=utf-8" />

5 <title>第六章实验 1 食品农业市场商品展示</title>

6 </head>

7 <body>

8 <div class="wrap clear">

9   <div class="left">

10   <h3>实力大厂</h3>

11   <ul>

12   <li class="clear">

13   <div class="pic">

14   <a href="#"><img src="image/11.jpg" /></a>

15   </div>

16   <dl>

17   <dt><a href="#">温岭市东浦酒厂</a></dt>

18   <dd>东琦</dd>

19   <dd>特色服务：<span class="service">传统黄酒代表品牌</span></dd>

20   <dd>年 产 值：8000 万</dd>

21   <dd>会员政策：全国招商加盟即享折上折</dd>

22   </dl>

23   </li>

24   </ul>

25   </div>

26   <div class="center">

27   </div>

28   <div class="right">

29   </div>

30 </div>

31 </body>

32 </html>

因每个商品展示的结构相同，在标签<ul>中复制两个<li>……</li>标签对中的内容并更改文字内容和图片，即可得到左侧盒子的内容；复制左侧盒子的内容到中间盒子和右侧的盒子中，并更改文字内容和图片，即可完成结构制作。

保存代码后，在浏览器中预览，效果如图 6-4 所示。

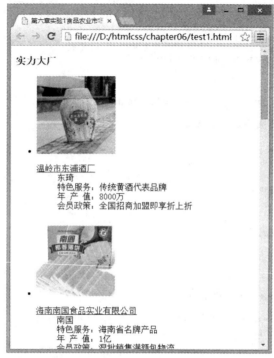

图 6-4   页面结构制作效果图

(3) 定义 CSS 样式。搭建完页面的结构后，需要使用 CSS 样式对其进行修饰。采用从整体到局部、从上到下的方式实现图 6-1 所示的效果。

① 样式重置及公共样式设置。

```
body,ul,dl,dd,h3{
        margin:0; /*重置标签的外边距均为 0，清除标签的默认外边距*/
        padding:0; /*重置标签的内边距均为 0，清除标签的默认内边距*/
        font-family: "宋体"/*设置字体为"宋体"*/
    }
    li{
        list-style:none;/*清除列表的默认项目符号*/
    }
    a{
        text-decoration:none;/*清除超链接的默认下划线*/
        color:#333;/*设置超链接的文本颜色*/
    }
    img{
        border:none;/*设置图片无边框，消除图片因制作超链接产生的默认边框*/
        vertical-align:top;/*顶部对齐*/
    }
    /*设置清浮动样式*/
```

```
.clear{zoom:1;}
/*运用 after 伪对象的方式清浮动*/
.clear:after{
        content:"";/*设置内容为空*/
        display:block; /*设置为块级元素*/
        clear:both; /*清除浮动*/
}
```

当在 HTML 中应用浮动时，为了避免浮动元素影响其他元素的排版，还需要为浮动元素清除浮动。清除浮动有多种方法，本案例运用 after 伪对象清除浮动。应在设置了浮动元素的父对象中应用 clear 类样式。

② 设置大盒子的样式。

```
.wrap{
        width:1190px;/*设置盒子的宽度*/
        margin:30px auto;/*设置上下外边距为 30px，水平居中显示*/
        border:1px solid #ccc;/*设置边框的样式*/
        border-top:2px solid #090;/*先设置四面的边框，再设置特殊的一条边框*/
}
```

③ 设置左中右三个盒子的样式。

```
.left,.center,.right{
        width:396px;/*设置三个盒子的宽度*/
        float:left;/*三个盒子都设置为左浮动*/
}
.left,.center{
        border-right:1px solid #ccc;/*设置左中盒子的右边框的样式*/
}
```

④ 设置标题<h3>标签的样式。

```
.wrap h3{
        line-height:56px;/*设置标题的行高*/
        padding-left:52px;/*设置左内边距，缩进文字，内边距的位置显示背景图*/
        background:#f9f9f9 url(image/headpic.png) no-repeat 20px 0;
        /*用背景的方式设置标题图标，用定位坐标 20px 0 调整图标的位置 */
}
```

⑤ 设置商品展示区域列表的样式。

```
.wrap ul{
        padding:10px 10px 0px 10px;
}
.wrap ul li{
        padding-bottom:10px;
}
```

⑥ 设置商品展示内容的样式。

```
/*商品图片区域样式*/
.wrap ul li .pic{
    float:left;/*三个盒子都设置为左浮动*/
}
/*商品描述文字区域样式*/
.wrap ul li dl{
    width:226px;/*商品描述文字区域的宽度*/
    float:left;/*设置为左浮动，以使商品描述文字与商品图片并排*/
}
/*商品描述标题样式*/
.wrap ul li dl dt{
    font-size:14px;/*设置字体大小为14px*/
    font-weight:bold;/*设置字体加粗*/
    line-height:42px;/*设置行高为42px*/
    padding-left:10px;/*设置左内边距10px*/
    border-bottom:1px solid #ccc;/*设置下边框的样式*/
    margin:0px 0px 5px 2px;/*设置上右外边距为0px,下外边距为5px，左外边距为2px*/
}
/*商品描述条目的样式*/
.wrap ul li dl dd{
    font-size:12px;/*设置字体大小为12px*/
    line-height:22px;/*设置行高为22px*/
    padding-left:12px;/*设置左内边距12px*/
    color:#666;/*设置文字颜色*/
}
/*特色服务区块的样式*/
.wrap ul li dl dd .service{
    background:#090;
    padding:4px 4px 2px 4px;color:#FFF;
}
```

保存代码后，在浏览器中预览，效果如图6-1所示。

6. 总结与思考

为了避免浮动元素影响其他元素的排版，还需要为浮动元素清除浮动。清除浮动有多种方法，除本实验中用到的 after 伪对象清除浮动的方法外，还可以使用空标签清除浮动。空标签清浮动法是在需要清除浮动的父级元素内部的所有浮动元素后，添加一个空标签清除浮动，其CSS 代码为: clear:both。例如: 。也可以使用 overflow 属性清除浮动,使用该方法的前提是需要清除浮动的元素有具体的高度,其CSS 代码为: overflow:hidden。

实验 2　商品分类二级菜单

1. 考核知识点

绝对定位。

2. 练习目标

· 掌握绝对定位属性的应用。

· 理解浮动元素的特性。

· 掌握 hover 伪类的使用方法。

3. 实验内容及要求

请做出如图 6-5 所示的效果，并在 chrome 浏览器测试。

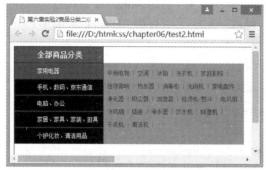

图 6-5　实验 2 效果图

要求：

(1) 当鼠标移动到商品分类的一级菜单条目上面时，右侧显示分类的详细商品品种的二级菜单，分类条目背景色变成红色。

(2) 分类及商品品种都设有超链接。

(3) 菜单的布局及文字效果见效果图。

4. 实验分析

1) 结构分析

菜单在一个大盒子中显示，菜单由菜单标题"全部商品分类"和菜单项条目组成。菜单标题使用<h3>标签进行定义，菜单项条目使用无序列表<ul>进行定义。每一个菜单项<li>标签里均有菜单项名称(即商品分类名称)和二级菜单详细商品品种列表。若详细商品品种多，则放在一个盒子<div>标签里显示。结构分析图如图 6-6 所示。

图 6-6　结构分析图

2) 样式分析

(1) 通过最外层的大盒子对页面进行整体控制，并且设置其宽高、边框及边距等样式。

(2) 为标题<h3>标签设置宽高、边框、背景、边距及文本的样式。

(3) 设置菜单列表样式，去掉列表的默认内外边距，去掉列表项前的默认圆，并设置该盒子为相对定位，其目的是为二级菜单详细商品品种列表区的绝对定位作参照的父对象。

(4) 设置一级菜单条目样式，设置宽高、背景、边框及文本样式，并且设置超链接的文本样式。

(5) 设置二级菜单盒子的样式，设置宽高、背景，并定位在一级菜单的左侧。将二级菜单先设为隐藏，然后设置二级菜单的超链接样式。

(6) 使用伪类:hover 设置当鼠标移动到商品分类一级菜单条目上面时的显示效果样式。

5. 实现步骤

(1) 新建 HTML 文档，并保存为"test2.html"。

(2) 制作页面结构。根据上面的实验分析，使用相应的 HTML 标签来搭建网页结构。代码如下：

```
1 <!DOCTYPE html PUBLIC "-//W3C//DTD XHTML 1.0 Transitional//EN" "http://www.w3.org/TR/xhtml1/DTD/xhtml1-transitional.dtd">

2 <html xmlns="http://www.w3.org/1999/xhtml">

3 <head>

4 <meta http-equiv="Content-Type" content="text/html; charset=utf-8" />

5 <title>第六章实验2 商品分类二级菜单</title>

6 </head>

7 <body>

8 <div id="content">

9    <h3>全部商品分类</h3>

10   <ul>

11       <li>

12               <div class="menu b1">

13                       <a href="">平板电视</a>

14                       <a href="">空调</a>

15                       <a href="">冰箱</a>

16                       <a href="">洗衣机</a>

17                       <a href="">家庭影院</a>

18                       <a href="">迷你音响</a>

19                       <a href="">热水器</a>

20                       <a href="">消毒柜</a>

21                       <a href="">洗碗机</a>

22                       <a href="">家电配件</a>

23                       <a href="">净化器</a>
```

24	`<a href="">吸尘器</a>`
25	`<a href="">加湿器</a>`
26	`<a href="">挂烫机/熨斗</a>`
27	`<a href="">电风扇</a>`
28	`<a href="">冷风扇</a>`
29	`<a href="">插座</a>`
30	`<a href="">净水器</a>`
31	`<a href="">饮水机</a>`
32	`<a href="">除湿机</a>`
33	`<a href="">干衣机</a>`
34	`<a href="">清洁机</a>`
35	`</div>`
36	`<span>`
37	`<a href="">家用电器</a>`
38	`</span>`
39	`</li>`
40	`<li>`
41	`<div class="menu b2" ></div>`
42	`<span>`
43	`<a href="">手机、数码、京东通信</a>`
44	`</span>`
45	`</li>`
46	`<li>`
47	`<div class="menu b3"></div>`
48	`<span>`
49	`<a href="">电脑、办公</a>`
50	`</span>`
51	`</li>`
52	`<li>`
53	`<div class="menu b4"></div>`
54	`<span>`
55	`<a href="">家居、家具、家装、厨具</a>`
56	`</span>`
57	`</li>`
58	`<li>`
59	`<div class="menu b5"></div>`
60	`<span>`
61	`<a href="">个护化妆、清洁用品</a></a>`
62	`</span>`

```
63        </li>
64    </ul>
65    </div>
66 </body>
67 </html>
```

保存代码后，在浏览器中预览，效果如图 6-7 所示。

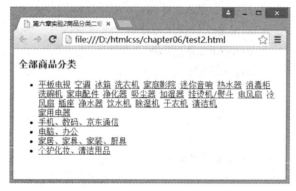

图 6-7　页面结构制作效果图

因每个菜单项的结构相同，即详细商品品种都显示在列表项中的盒子，故本实验只实现了第一个菜单项的二级菜单详细商品品种展示，其他菜单项的详细商品品种分别放在 `<div class="menu b2" ></div>`、`<div class="menu b3" ></div>`、`<div class="menu b4" ></div>` 和 `<div class="menu b5" ></div>` 中即可。

(3) 定义 CSS 样式。

① 设置大盒子样式。

```
#content{
    width:1200px;
    height:300px;
    border:1px solid #333333;
    margin:0 auto;
}
```

② 设置菜单标题样式。

```
#content h3{
    border:1px solid #333333;
    background:#ff0800;
    width:142px;
    padding-left:48px;
    margin:0;
    height:32px;
    line-height:32px;
    font-size:16px;
    font-family:"微软雅黑";
```

```
        font-weight:700;
          color:#ffffff;
}
```

③ 设置菜单列表样式。

```
    ul{
        margin:0;
        padding:0;/*设置外边距和内边距均为 0，清除列表的默认内外边距*/
        position:relative;/*设置该盒子为相对定位，是为了盒子里面的内容进行绝对定位，作为
                参照的父对象*/}
    li{list-style-type:none;/*去掉列表项前的默认圆点*/
}
```

④ 设置一级菜单条目样式。

```
    #content ul li{
        border:1px solid #333333;
        width:142px;
        padding-left:48px;
        background:#000000;
        height:32px;
        line-height:32px;
        color:#ffffff;
        font-size:12px;
        font-family:"微软雅黑";
    }
```

⑤ 设置一级菜单分类条目超链接样式。

```
    #content ul li span a{
        color:#ffffff; /*设置字体的颜色*/
        text-decoration:none; /*去除文字的下划线*/
        }
    #content ul li span a:hover{
        text-decoration:underline;/*鼠标移到上方时文字添加下划线*/
        }
```

⑥ 设置二级菜单盒子的样式。

```
    #content ul li div.menu{
        width:300px;
        height:170px;
        background:#00ff00;
        position:absolute;top:0;left:192px;/*二级菜单盒子定位在一级菜单盒子的左侧*/
        display:none;/*隐藏二级菜单*/
    }
```

⑦ 设置二级菜单超链接样式。

```
#content ul li div.b1 a{
    font:12px "微软雅黑";
    text-decoration:none;
    float:left;
    height:12px;
    line-height:12px;
    border-right:1px solid #666666;
    padding:0 8px;
    margin-top:15px;/*设置上外边距实现行之间的距离*/
}
#content ul li div.b1    a:hover{color:#ff0000; text-decoration:underline;}
```

⑧ 设置鼠标移动到商品分类一级菜单条目上面时显示效果样式。

```
#content ul li:hover {
    background:#ff0000; /*当鼠标移动到商品分类一级菜单条目上面时,分类条目背景色
                变成红色。*/
}
#content ul li:hover .menu{
    display:block; /*当鼠标移动到商品分类一级菜单条目上面时,在左侧显示分类的详细商品
            品种二级菜单*/
}
```

⑨ 设置后续的菜单项样式。

```
#content ul li div.b2,#content ul li div.b4{
    background:#0033ff;
}
```

保存代码后,在浏览器中预览,效果如图6-5所示。

6. 总结与思考

浮动元素的特性:使内嵌支持高度和上下边距;不设置宽度的时候,宽度由内容撑开;代码换行不被解析。把本实验中<a>标签中的样式"float:left;"改成"display:inline-block;"试试效果,效果为什么变了呢?

实验 3　天猫商城右侧通道工具栏

1. 考核知识点

相对定位、绝对定位和固定定位。

2. 练习目标

• 理解相对定位、绝对定位和固定定位的含义。

- 掌握相对定位属性的应用。
- 掌握绝对定位属性的应用。
- 掌握固定定位属性的应用。
- 灵活运用定位控制页面布局效果。
- 掌握 hover 伪类的使用方法。

3. 实验内容及要求

请做出如图 6-8 所示的效果，并在 chrome 浏览器测试。

图 6-8　实验 3 效果图

要求：

(1) 工具栏固定在浏览器的最右侧，高度随浏览器高度的变化而变化。

(2) 当鼠标移动到小图标上面时，左侧显示说明信息，并且将小图标背景色改为红色。

(3) 实现在导航中显示的各项布局。

4. 实验分析

1) 结构分析

页面结构可以分为一个大盒子内包括三个小盒子，结构分析如图 6-9 所示。上面部分盒子内包含两张图片，中间部分盒子和下面部分盒子的内容条目是并列关系，可以用列表进行定义。

上面部分盒子 top　　　中间部分盒子 middle　　　下面部分盒子 bottom

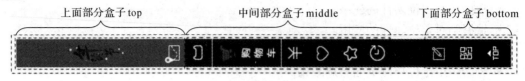

图 6-9　结构分析图

2) 样式分析

(1) 通过最外层的大盒子对工具栏进行整体控制，需要设置其高度、宽度、背景、定位样式，然后设置固定定位为"right:0px; top:0px;"，使盒子固定在浏览器的右侧。

(2) 设置顶部盒子的样式，需对其高度、宽度、背景样式进行设置，设置定位为相对定位，这是为了给盒子里面的内容进行绝对定位时作参照的父对象。设置上内边距，用以定位盒子里的第一张图片的位置，盒子里的第二张图片设置为绝对定位，并定位在盒子的最底部。

(3) 设置中部、底部的盒子样式，对其高度、宽度进行设置，并且底部的盒子定位在最下方。然后设置列表及列表项的样式，并设置特殊效果的列表项样式。

5. 实现步骤

(1) 新建 HTML 文档，并保存为"test3.html"。

(2) 制作页面结构。根据上面的实验分析，使用相应的 HTML 标签来搭建网页结构。代码如下：

```
1 <!DOCTYPE html PUBLIC "-//W3C//DTD XHTML 1.0 Transitional//EN" "http://www.w3.org/TR/xhtml1/DTD/xhtml1-transitional.dtd">

2 <html xmlns="http://www.w3.org/1999/xhtml">

3 <head>

4 <meta http-equiv="Content-Type" content="text/html; charset=utf-8" />

5 <title>第六章实验3  天猫商城右侧通道导航</title>

6 </head>

7 <body>

8 <div id="Nav">

9 <!--上面部分开始-->

10    <div class="top">

11        <img src="images/nhj.png"/>

12        <img src="images/email.gif" class="email"/>

13    </div>

14    <!--上面部分结束-->

15    <!--中间部分开始-->

16    <div class="middle">

17        <ul>

18            <li><img src="images/logo.png" />

19                <span>我的特权<font>◆</font></span>
```

```
20              </li>
21              <li class="go"><img src="images/go.png" />购<br/>物<br/>车</li>
22              <li><img src="images/money.png" />
23                  <span>我的资产<font>◆</font></span>
24              </li>
25              <li><img src="images/xin.png" />
26                  <span>我关注的品牌<font>◆</font></span>
27              </li>
28              <li><img src="images/start.png" />
29                  <span>我的收藏<font>◆</font></span>
30              </li>
31              <li><img src="images/see.png" />
32                  <span>我看过的<font>◆</font></span>
33              </li>
34          </ul>
35      </div>
36  <!--中间部分结束-->
37  <!--下面部分开始-->
38  <div class="bottom">
39      <ul>
40          <li><img src="images/ly.png" />
41              <span>用户反馈<font>◆</font></span>
42          </li>
43          <li><img src="images/weixin.png" />
44              <span        class="erwm"><img
src="images/erwm.png" /></span>
45          </li>
46          <li><img src="images/top.png" />
47              <span>返回顶部<font>◆</font></span>
48          </li>
49      </ul>
50  </div>
51  <!--下面部分结束-->
52  </div>
53  </body>
54  </html>
```

保存代码后，在浏览器中预览，效果如图 6-10 所示(线条是白色、底色是透明的图片在网页背景为白色的情况下不可见)。

图 6-10　页面结构制作效果图

(3) 定义 CSS 样式。

搭建完页面的结构后，还需要使用 CSS 对导航条的样式进行修饰。采用从整体到局部、从上到下的方式实现图 6-7 所示的效果。

① 样式重置。

```
*{
    padding:0px; /*清除所有标签的默认内边距，重置为 0*/
    margin:0px; /*清除所有标签的默认外边距，重置为 0*/
}
```

② 设置大盒子的样式。

```
#Nav{
    width:35px; /*设置宽度*/
    height:100%; /*设置高度跟浏览器的高度保持一致*/
    background:#000; /*设置背景颜色*/
    position:fixed; /*设置固定定位*/
    right:0px; top:0px; /*盒子固定在浏览器的右则*/
}
```

③ 设置顶部盒子的样式。

```
#Nav .top{
    width:35px; /*设置宽度*/
    height:150px; /*设置高度*/
    background:#d8002d; /*设置背景*/
    padding-top:70px; /*使该盒子里的第一张图片距离盒子顶部 70px*/
    position:relative; /* 设置该盒子为相对定位，是为盒子里面的内容进行绝对定位，
                          作参照的父对象*/
}
```

④ 设置顶部盒子的内容样式。第一张图片通过大盒子的上内边距的设置，已经定位好了，第二张图片定位在盒子的最底部。

```
#Nav .top img.email{
    position:absolute; /*设置绝对定位*/
    right:0px;
    bottom:0px; /*设置定位在底部*/
}
```

⑤ 设置中、底部盒子的样式。

```
#Nav .middle{
    width:35px;
    height:310px;
}
#Nav .bottom{
    width:35px;
```

```
        height:110px;
        position:absolute;/*该盒子设置绝对定位，大盒子已设置了固定定位，所以作为参照
                父对象的是大盒子*/
        right:0px;
        bottom:0px;/*定位大盒子的最底部*/
    }
```

⑥ 设置列表的样式。中、底盒子的内容条目用列表定义，鼠标移到列表上显示的内容用<span>标签定义，样式设置如下：

```
    #Nav ul li{
        list-style-type:none;/*去掉列表项前的默认圆点*/
        font-family:"微软雅黑";
        font-size:12px;
        color:#fff;
        text-align:center;
        width:35px;
        position:relative; /*设置列表项盒子为相对定位，是为列表项盒子里面的内容进行绝对定位，
                作参照父对象*/
    }
    #Nav    ul li span{
        width:90px;
        height:35px;
        background:#aaaaaa;
        display:block; /*设置为块级元素*/
        line-height:35px;
        position:absolute;
        top:0px;
        left:-90px;/*定位到列表项的最左侧*/
        display:none;/*<span>标签定义的内容是当鼠标移动到列表条目时显示，这里先设置为隐藏*/
    }
```

⑦ 设置特殊效果的列表项样式。

"购物车" 条目效果设置：

```
    #Nav ul li.go{
        border-top:1px solid #aaa;
        border-bottom:1px solid #aaa;/*购物车上下边的分隔线*/
            padding-bottom:5px;
    }
```

"小三角" 效果设置：

```
    #Nav ul li span font{
        color:#aaaaaa;
```

```
        font-size:16px;
        font-family:"宋体";
        position:absolute; /*通过定位，隐藏符号的一半，来制作三角符号*/
        right:-8px;
        top:1px;
    }
```

"二维码"显示效果设置：

```
    #Nav    ul li span.erwm{
        width:175px;
        height:175px;
        background:#aaaaaa;
        position:absolute; /绝对定位/
        top:-100px;
        left:-175px;
    }
```

⑧ 设置鼠标移动到条目上时显示的效果。

```
    #Nav ul li:hover {
        background:#ff0066;/*改变背景色*/
    }
    #Nav ul li:hover span{
        display:block;/*该列表项中<span>标签的内容显示*/
    }
```

保存代码后，在浏览器中预览，效果如图 6-8 所示。

6. 总结与思考

绝对定位的元素，相对于最近的已经定位(绝对、固定或相对定位)的父元素进行定位。若所有父元素都没有定位，则依据文档对象(即浏览器窗口)进行定位。试一试若不设置<li>的相对定位"position:relative;"，效果怎么样？为什么会这样？

第7章　表格与表单

7.1　知识点梳理

1. 表格

(1) 表格。在使用表格进行布局时，可以将表格划分为头部、主体和页脚三大部分。每部分均由行组成，每行被分割成若干个单元格。单元格就像一个容器，可以包含文本、图片、列表、段落、表单、水平线和表格等。

(2) 表格定义标签。

① 表格由<table>标签定义。

② 表格头由<thead>标签定义。

③ 表格主体由<tbody>标签定义。

④ 表格尾由<tfoot >标签定义。

⑤ 每个表格均有若干行，行由<tr>标签定义。

⑥ 每行被分割为若干单元格，单元格由<td>标签定义。

(3) 单元格标签<td>的属性。

① colspan 属性用来定义单元格可横跨的列数。(可用来横向合并单元格。)

例：<td colspan="2"></td>。

② rowspan 属性用来定义单元格可纵跨的行数。(可用来纵向合并单元格。)

例：<td rowspan="2"></td>。

(4) 使用 CSS 样式控制表格。

① border-collapse 用于设置表格边框是否合并。取值为 separate(默认值)时，边框会被分开；取值为 collapse 时，边框会合并为单一的边框。

② 可以使用 CSS 样式控制表格的单元格里的字体、边框、背景和边距等。

③ 使用样式控制表格注意事项：不要给<table>、<th>、<td>以外的表格标签加样式，需要给<table>、<th>、<td>重置默认样式："table{border-collapse:collapse;} th,td{padding:0;}"；<table>标签的宽度决定了整个表格的宽度，单元格默认宽度是平分表格的宽度，单元格设定的宽度值会被转换成百分比；<th>标签里面的内容默认加粗并且上下左右均居中显示，<td>标签里面的内容默认上下居中，水平居左显示；表格里面的每一列必须有宽度；表格同一列和同一行宽高会默认选择最大值。

2. 表单

(1) 表单。表单是网页上用于输入信息的区域，能用来收集和传递信息到服务器。由表单控件接收信息的输入，由表单的 action 属性把信息传递到服务器。

(2) 创建表单。创建表单的基本语法格式如下：

<form action="URL 地址" method="提交方式" name="表单名称">表单控件元素 </form>

其中：

action 属性：用于指定接收并处理表单数据的服务器的 URL 地址。

method 属性：用于设置表单数据的提交方式，其取值为 get 或 post。

name 属性：用于指定表单的名称。

(3) 表单控件元素。表单是一个包含表单元素的区域，表单元素是允许用户在表单中输入信息的元素，如：文本框、单选框、复选框、下拉列表等。

3. 表单控件

(1) <input/>控件基本语法格式：

<input type="……" name="…" value="…" />

其中，name 属性用于定义控件的名称；value 属性用于定义控件中的默认文本值；type 属性的取值及与其配合使用的属性如表 7-1 如示。

表 7-1　type 属性

type 值	显示状态及功能描述	配合使用的属性
text	单行文本输入框	maxlength 属性：允许输入的最多字符数 readonly 属性：该控件内容为只读，不能编辑修改 size 属性：控件在页面中占有的宽度 例：<input type="text" name="" value="张三" maxlength="6" readonly />
password	密码输入框	maxlength 属性，size 属性 例：<input type="password" name="" size="40" />
radio	单选按钮	checked 属性：在页面加载时就默认选定 例：<input type="radio" name="gender" id="a" /><label for="a">男</label>
checkbox	复选框	checked 属性：在页面加载时就默认选定 例：<input type="checkbox" name="" checked />
submit	提交按钮	disabled 属性：第一次加载页面时显示为灰色，不能使用 例：<input type="submit" disabled />
image	图像的提交按钮	disabled 属性 例：<input src="sun.jpg" type="image" name="" />
reset	重置按钮	disabled 属性 例：<input type="reset" name="" disabled />
button	普通按钮	disabled 属性 例：<input type="button" name="" disabled/>
file	出现一个文本框和一个"浏览…"按钮，是用来填写文件路径或通过"浏览…"按钮选择文件	例：<input type="file" name="" />
hidden	隐藏域不可见	例：<input type="hidden" name="" />

(2) <textarea>文本域控件：多行文本输入框。定义文本域的基本语法格式如下：

<textarea cols="每行中的字符数" rows="显示的行数"　name="">

默认显示的文本内容

</textarea>

(3) <select>控件：可创建单选或多选列表。其基本语法格式如下：

<select>

<option>选项 1</option>

<option>选项 2</option>

<option>选项 3</option>

...

</select>

其中，<select></select>标签用于定义一个下拉列表，<option></option>标签嵌套在<select></select>标签中，用于定义下拉列表中的具体选项。

<select>标签常用属性：size，用于定义下拉列表的可见选项个数；multiple，用于定义 multiple="multiple"时，可按住 Ctrl 键的同时选择多项。

<option>标签常用属性：selected，用于定义 selected =" selected "时，当前项即为默认选中项。

(4) <label>标签：用来为 input 元素定义标注。其定义格式如下：

<input type=" " name="" id="a"/><label for="a">......</label>

其中，for 属性用来指定关联的元素。<label> 标签的 for 属性应当与相关联元素的 id 属性相同。label 元素不会向用户呈现任何特殊效果。不过，它为鼠标用户改进了可用性，只要在 label 元素内点击文本，就会触发关联的元素。也就是说，当用户选择该标签时，浏览器就会自动将焦点转到和标签相关联的表单元素上。

(5) CSS 控制表单样式。表单是块级元素，表单里的控件也是块级元素，所以可以使用 CSS 控制表单控件的字体、边框、背景和内外边距等。

7.2　基 础 练 习

(1) 在 HTML 语言中，_____标签用于定义表格。

(2) 在表格同一行中的单元格定义了不同的高度，最终的高度将取决于其中的_____值。

(3) <input type="…" name="…" value="…" />，请根据 type 的值的描述，填写 type 的具体取值。type="_____"是单行文本输入框；type="_____"是密码输入框；type="_____"是单项选择按钮；type="_____"是多项选择框；type="_____"是普通按钮；type="_____"是提交按钮；type="_____"是图片提交按钮；type="_____"是上传文件域；type="_____"是重置按钮。

(4) <textarea>标签的_____属性和_____属性是必需的属性。

(5) <input type="text"　name="…"　id="phone"/><label for="_____">…</label>。

(6) 定义一个每行能输入 20 个汉字，能输入 5 行的多行文本输入框的语句:_____。

(7) 定义一个能显示 5 个选项的下拉列表的语句:_____。

7.3 动 手 实 践

实验 1 表 格

1. 考核知识点

表格创建及表格的样式设置。

2. 练习目标

- 掌握创建表格的方法。
- 掌握表格相关属性的设置。
- 掌握合并单元格的方法。
- 掌握<th>、<tr>和<td>标签的用法。
- 掌握<th>、<tr>和<td>标签的常用属性。

3. 实验内容及要求

请做出如图 7-1 所示的效果,并在 chrome 浏览器中测试。

图 7-1 实验 1 效果图

要求:

(1) 创建宽为 600px 的表格,表格有 7 列,表格标题占 1 行,卖家和买家信用各占 4 行,中间有一空行,总共 10 行,如图 7-1 所示。

(2) 表格标题设置为灰色的背景。

(3) 评价中的好、中、差用给定的图片表示。

4. 实验分析

1) 结构分析

创建表格首先要分析表格的行列数。表格的行列以最大数算,然后通过合并单元格,制作出各种效果。本实验从效果图可以分析出，表格有 10 行 7 列，中间的空白行可通过合并一行单元格制作出来，"卖家信用"和"买家信用"所占单元格是通过纵向合并单元格制作出来的。

2) 样式分析

(1) 设置表格的样式进行整体控制，需对表框的宽度、外边距进行设置。

(2) 设置表格标题的背景和单元格的边框、文字对齐样式。

(3) 设置中间行无边框，制作出空行。

5. 实现步骤

(1) 新建 HTML 文档，并保存为"test1.html"。

(2) 制作页面结构。根据上面的实验分析，使用相应的 HTML 标签来搭建网页结构。代码如下：

```
1 <!DOCTYPE html PUBLIC "-//W3C//DTD XHTML 1.0 Transitional//EN" "http://www.w3.org/TR/xhtml1/DTD/xhtml1-transitional.dtd">
2 <html xmlns="http://www.w3.org/1999/xhtml">
3 <head>
4 <meta http-equiv="Content-Type" content="text/html; charset=utf-8">
5 <title>第七章实验1 表格</title>
6 </head>
7 <body>
8 <table class="tab">
9    <tbody>
10   <tr>
11       <th width="90">卖买家</th>
12       <th width="90">评价</th>
13       <th width="90">最近 1 周</th>
14       <th width="90">最近 1 个月</th>
15       <th width="90">最近 6 个月</th>
16       <th width="90">6 个月前</th>
17       <th width="90">总计</th>
18   </tr>
19   <tr>
20       <td rowspan="4" width="90">卖家信用</td>
21        <td><img src="image/better.png" alt="好评" title="好评"/></td>
22       <td>0</td>
23       <td>0</td>
24       <td>0</td>
25       <td>53</td>
26       <td>53</td>
```

```
27        </tr>
28        <tr>
29        <td><img src="image/mid.png" alt="中评" title="中评"/></td>
30        <td>0</td>
31        <td>0</td>
32        <td>0</td>
33        <td>2</td>
34        <td>2</td>
35        </tr>
36        <tr>
37        <td><img src="image/bad.png" alt="差评" title="差评"/></td>
38        <td>0</td>
39        <td>0</td>
40        <td>0</td>
41        <td>0</td>
42        <td>0</td>
43        </tr>
44        <tr>
45        <td>总计</td>
46        <td>0</td>
47        <td>0</td>
48        <td>0</td>
49        <td>53</td>
50        <td>53</td>
51        </tr>
52        <tr>
53        <td colspan="7" class="none"></td>
54        </tr>
55        <tr>
56        <td rowspan="4" width="90">买家信用</td>
57        <td><img src="image/better.png" alt="好评" title="好评"/></td>
58        <td>0</td>
59        <td>0</td>
60        <td>4</td>
61        <td>12</td>
62        <td>16</td>
63        </tr>
64        <tr>
65        <td><img src="image/mid.png" alt="中评" title="中评"/></td>
```

```
66        <td>0</td>
67        <td>0</td>
68        <td>0</td>
69        <td>0</td>
70        <td>0</td>
71    </tr>
72        <tr>
73    <td><img src="image/bad.png" alt="差评" title="差评"/></td>
74        <td>0</td>
75        <td>0</td>
76        <td>0</td>
77        <td>0</td>
78        <td>0</td>
79    </tr>
80        <tr>
81        <td>总计</td>
82        <td>0</td>
83        <td>0</td>
84         <td>4</td>
85        <td>12</td>
86        <td>16</td>
87    </tr>
88    </tbody>
89    </table>
90    </body>
91    </html>
```

保存代码后，在浏览器中预览，效果如图 7-2 所示。

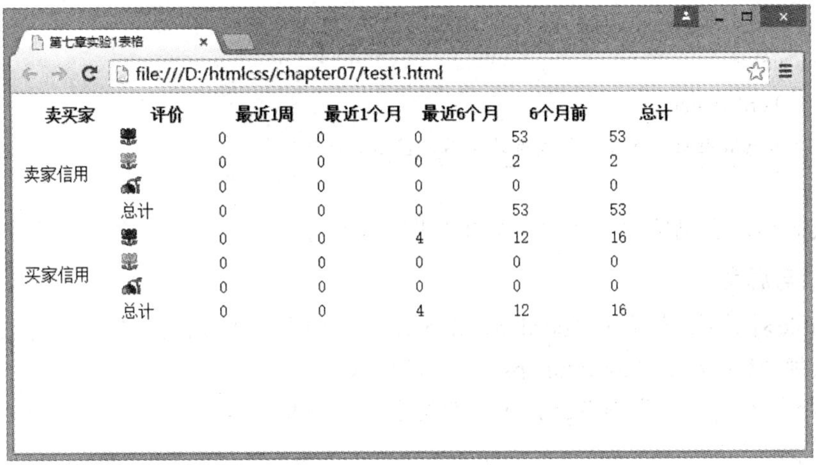

图 7-2　页面结构制作效果图

(3) 定义 CSS 样式。

① 样式重置。重置表格的默认样式。

```
th,td{

    padding:0;

}

table{

    border-collapse:collapse;/*边框会合并为一个单一的边框*/

}
```

② 设置表格样式。

```
.tab{ width:600px; margin:50px auto;}
```

③ 设置表格标题和单元格边框的公共样式。

```
.tab th,.tab td{

    border:1px solid #999;

    height:26px;

    font-size:12px;

}
```

④ 设置表格标题的背景和单元格内文字内容的对齐方式。

```
.tab th{

    background:#CCC

}

.tab td{

    text-align:center;

}
```

⑤ 设置图片的对齐方式。

```
img{

    vertical-align:top;

}
```

⑥ 设置表格中间空行的样式。

```
.tab .none{

    border:none;

    height:4px; /*设置该行没有边框后，显示成空行*/

}
```

保存代码后，在浏览器中预览，效果如图 7-1 所示。

6. 总结与思考

(1) <table>标签设置样式"border-collapse:collapse;"，单元格边框会合并为一个单一的边框。去掉"border-collapse:collapse;"，试试效果。

(2) 表格的宽度设置为 600 px，每列的宽度设置为 90 px，共 7 列，那么表格最终显示的宽度是多少呢？

实验 2　宝贝发布表单

1. 考核知识点

表单<form>、<input/>控件、<textarea>控件 、<select>控件、用 CSS 控制表单及表单元素的样式。

2. 练习目标

• 掌握表单的构成。

• 掌握<form>标签的用法及相关属性的设置。

• 掌握<input/>控件中的单行文本输入框、密码输入框、复选框、文件域、按钮的属性设置的方法。

• 掌握<textarea>、<select>等控件的属性设置的方法。

• 掌握<label>标签的属性设置的方法。

• 熟悉表格的布局。

3. 实验内容及要求

请做出如图 7-3 所示的效果，并在 chrome 浏览器中测试。

图 7-3　实验 2 效果图

要求：

(1) 运用表格和表单组织页面。

(2) 根据需要录入的信息的特点，选择相应的控件制作。

4. 实验分析

1) 结构分析

从效果图可以看出界面整体包在一个大盒子中，内容部分可以分为上面的标题和下面的表单两部分。其中，表单部分排列整齐，由左右两部分构成，左边为提示信息，右边为对应的表单控件。表单部分可以表格来布局,则需要定义一个7行2列的表格。

宝贝标题、尺寸、宝贝图片、提交和重置按钮用<input/>标签定义;宝贝卖点需要录入多行信息,通过<textarea>控件定义多行文本框;品牌用下拉列表<select>控件定义。

2) 样式分析

(1) 通过最外层的大盒子进行页面整体布局,需要对其设置高度、宽度、边框、外边距样式。

(2) 设置标题字体大小和下内边距以控制标题的位置。

(3) 设置左侧提示信息列的宽度和对齐样式。

(4) 对部分控件进行样式设置,调整控件的布局效果。

5. 实现步骤

(1) 新建 HTML 文档,并保存为"test2.html"。

(2) 制作页面结构。根据上面的实验分析,使用相应的 HTML 标签来搭建网页结构。代码如下:

```
1 <!DOCTYPE html PUBLIC "-//W3C//DTD XHTML 1.0 Transitional//EN" "http://www.w3.org/TR/xhtml1/DTD/xhtml11-transitional.dtd">

2 <html xmlns="http://www.w3.org/1999/xhtml">

3 <head>

4 <meta http-equiv="Content-Type" content="text/html; charset=utf-8" />

5 <title>第七章实验2宝贝发布表单</title>

6 </head>

7 <body>

8 <div id="box">

9     <h2 class="header">宝贝信息</h2>

10     <form action="#" method="post">

11         <table>

12             <tr>

13                 <td class="left"><span class="red">*</span>宝贝标题</td>

14                 <td><input type="text" value="" class="txt01" maxlength="60"/></td>

15             </tr>

16             <tr>

17                 <td class="left">宝贝卖点</td>

18                 <td><textarea cols="60" rows="5" class="message"></textarea></td>

19             </tr>

20             <tr>

21                 <td class="left"><span class="red">*</span>品牌</td>

22                 <td>

23                     <select class="brand">

24                         <option>花花公子</option>
```

```
25                              <option selected="selected">金利来</option>
26                                  <option>七匹狼</option>
27                              </select>
28                          </td>
29                      </tr>
30                      <tr>
31                      <td class="left" rowspan="2"><span class="red">*</span>尺寸</td>
32                      <td>
33                              <input type="radio" name="sex" id="ty" />
34                              <label for="ty">通用</label>
35                              <input type="radio" name="sex" id="zgm" checked/>
36                              <label for="zgm">中国码</label>
37                              <input type="radio" name="sex" id="rm" />
38                              <label for="rm">日码</label>
39                              <input type="radio" name="sex" id="f" />
40                              <label for="f">均码</label>
41                      </td>
42                      </tr>
43                      <tr>
44                      <td>
45                          <input type="checkbox" id="s"/><label for="s">S</label>
46                          <input type="checkbox" id="m"/> <label for="m">M</label>
47                          <input type="checkbox" id="l"/><label for="l">L</label>
48                          <input type="checkbox" id="xl"/> <label for="xl">XL</label>
49                          <input type="checkbox" id="xxl"/><label for="xxl">2XL</label>
50                          <input type="checkbox" id="xxxl"/>
51                          <label for="xxxl">3XL</label>
52                          </td>
53                      </tr>
54                      <tr>
55                          <td class="left"><span class="red">*</span>宝贝图片</td>
56                          <td><input type="file" /></td>
57                      </tr>
58                      <tr>
59                          <td> </td>
60                          <td><input type="submit" value="提交"/>  
61                          <input type="reset" value="重置"/></td>
62                      </tr>
63              </table>
```

```
64        </form>
65 </div>
66 </body>
67 </html>
```

保存代码后，在浏览器中预览，效果如图7-4所示。

图7-4　页面结构制作效果图

(3) 定义CSS样式。搭建完页面的结构后，接下来使用CSS样式进行修饰。采用从整体到局部、从上到下的方式实现图7-3所示的效果。

① 样式重置及全局样式设置。

```
/*重置浏览器的默认样式*/
body,h2,form,table{
    padding:0;
    margin:0;
}
table{
    border-collapse:collapse;
}
/*全局控制*/
body{
    font-size:12px;
    font-family:"宋体";
}
```

② 控制最外层的大盒子。

```
#box{
    width:550px;
```

```
            height:340px;

            border:1px solid #CCC;

            margin:50px auto 0;

      }
```

③ 控制标题。

```
      .header{

            font-size:22px;

            padding-bottom:20px;

      }
```

④ 设置表格行高。

```
      td{

            height:30px;

      }
```

⑤ 设置左侧提示信息列样式。

```
      .left{

            width:60px;

            text-align:right;       /*使提示信息居右对齐*/

            padding-right:8px;      /*拉开提示信息和表单控件间的距离*/

      }
```

⑥ 控制提示信息中星号的颜色。

```
      .red{

            color:#F00;

            }
```

⑦ 定义单行文本框的样式。

```
      .txt01{

            width:450px;

            height:22px;

            border:1px solid #CCC;

      }
```

⑧ 定义多行文本框的样式。

```
      .message{

            padding:6px;

      }
```

⑨ 定义下拉菜单的宽度。

```
      .brand{

            width:200px;

            height:22px;

      }
```

保存代码后，在浏览器中预览，效果如图 7-3 所示。

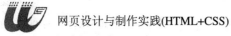

6. 总结与思考

(1) <label>标签的作用是：当用户选择该标签时，浏览器会自动将焦点聚焦到和标签相关的表单控件上。本实验中尺寸的选择使用了<label>标签，当点击说明文字时，前面的选择框被选中。去掉<label>标签后，试试效果。

(2) <table>标签用于"适合用表格来展示"的数据，将它用于布局是因为其良好的内容自适应及居中、对齐等属性省去了很多代码空间，适用于"页面一旦生成，表格内容就不再变化"的情况，但是表格尽量只用于呈现数据。

第8章　开放平台实用工具的应用

8.1　知识点梳理

1. <iframe>标签

<iframe>标签一般用来包含别的页面，可以理解为浏览器中的浏览器。<iframe>标签的常用属性如下：

align：取值 left、right、top、middle、bottom，用来设置如何根据周围的元素对齐此框架。

frameborder：取值 1、0，用来设置是否显示框架周围的边框。

height：pixels、%，用来设置 iframe 的高度。

width：pixels、%，用来设置 iframe 的宽度。

marginheight：pixels，用来设置 iframe 的顶部和底部的边距。

marginwidth：pixels，用来设置 iframe 的左侧和右侧的边距。

name：frame_name，用来设置 iframe 的名称。

scrolling：yes、no、auto，用来设置是否在 iframe 中显示滚动条。

src：URL，用来设置在 iframe 中显示的文档的 URL。

2. <embed>标签

<embed> 用来插入各种多媒体，多媒体的格式可以是 midi、wav、aiff、au 等等，其属性设定较多，例：<embed src="your.mid" autostart="true" loop="true" hidden="true">。标签<embed>的常用属性如下：

src：设定媒体文件及路径。

autostart：设定是否在媒体文档下载完之后就自动播放。取值 true 表示是，false 表示否(内定值)。

loop：设定是否自动反复播放。取值 loop=2 表示重复两次，true 表示是，false 表示否。

hidden：设定是否完全隐藏控制画面。取值 true 表示是，no 表示否(内定值)。

starttime：设定歌曲开始播放的时间。如 starttime="00:30" 表示从第 30 秒处开始播放。

volume：设定音量的大小，取值为 0 到 100 之间。内定值则使用系统本身的设定。

width、height：设定控制面板的宽度和高度(hidden="no")。

align：设定控制面板和旁边文字的对齐方式，其值可以是 top、bottom、center、baseline、left、right、texttop、middle、absmiddle、absbottom。

controls：设定控制面板的外观。预设值是 console(一般正常面板)，其值也可以是 smallconsole(较小的面板)、playbutton (只显示播放按钮)、pausebutton(只显示暂停按钮)、stopbutton(只显示停止按钮)、volumelever(只显示音量调节按钮)。

3. 开放平台

开放平台偏向于业务的集成，主要用于把大量的业务技术模块进行封装抽象，提取成为可配置的软件组件，方便使用者进行配置、开发，最终形成软件应用系统的一种软件类型。

8.2 动 手 实 践

实验1 制作桂林电子科技大学北海校区的地图名片

1. 考核知识点

百度地图 API 地图名片。

2. 练习目标

- 掌握百度地图 API 地图名片，并制作需要的地图名片。
- 掌握在网页中添加地图名片的方法。

3. 实验内容及要求

请做出如图 8-1 所示的效果，并在 chrome 浏览器测试。

图 8-1　桂林电子科技大学北海校区的地图名片效果图

要求：在网页中插入学校的百度地图名片。

4．实验分析

通过百度地图名片制作学校的地图名片的方法是把百度地图名片生成的代码复制到网页相应的位置即可。

5．实现步骤

(1) 新建 HTML 文档，并保存为"map.html"。

(2) 登录百度地图名片制作网站(http://api.map.baidu.com/mapCard/)，并点击"开始制作"。

(3) 录入学校基本信息。

① 录入单位名称。

② 填写位置信息：行政区域划分、街道门址，点击" 🎈定位到地图"。

③ 填写单位联系信息等，如图 8-2 所示。

图 8-2　填写学校基本信息

④ 单击提交，生成学校地图，如图 8-3 所示。

图 8-3　生成学校地图

(4) 设置地图嵌入样式。

① 选择要显示的内容：基础信息、周边公交、公交检索框，选择图区的大小。

② 预览生成的地图名片，如图8-4所示。

③ 生成的代码：

<iframe width="504" height="709" frameborder="0" scrolling="no" marginheight="0" marginwidth="0" src=f"></iframe>

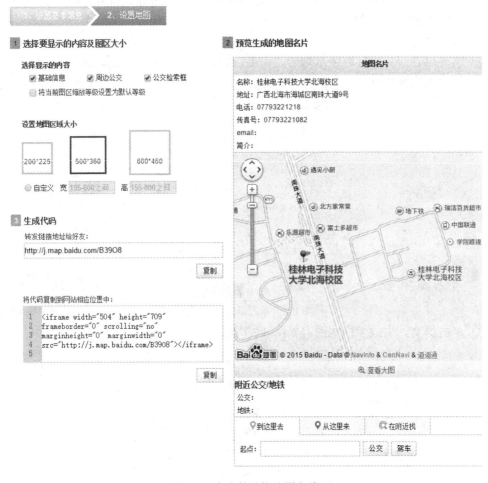

图8-4　生成的学校地图名片

(5) 将代码复制到网页的相应位置。将代码复制到<body>标签中，代码如下：

1 <!DOCTYPE html PUBLIC "-//W3C//DTD XHTML 1.0 Transitional//EN" "http://www.w3.org/TR/xhtml1/DTD/xhtml1-transitional.dtd">

2 <html xmlns="http://www.w3.org/1999/xhtml">

3 <head>

4 <meta http-equiv="Content-Type" content="text/html; charset=utf-8" />

5 <title>第八章 桂林电子科技大学北海校区的地图名片</title>

6 </head>

7 <body>

8 <iframe width="504" height="709" frameborder="0" scrolling="no" marginheight="0" marginwidth="0" src="http://j.map.baidu.com/B39O8"></iframe>

9 </body>

10 </html>

保存代码后，在浏览器中预览，效果如图 8-1 所示。

6. 总结与扩展

百度地图 API 不仅可以免费生成地图名片，还有很多其他功能，详情请登录百度地图 API 网站(http://lbsyun.baidu.com/)。

实验 2　如何在网站上设置 QQ 在线客服

1. 考核知识点

QQ 通讯组件的应用。

2. 练习目标

- 掌握在网站上设置 QQ 在线客服。
- 掌握腾讯社区开放平台中功能组件的应用。

3. 实验内容及要求

请做出如图 8-5 所示的效果，并在 chrome 浏览器测试。

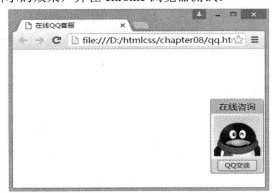

图 8-5　QQ 在线客服效果图

要求：

(1) QQ 图标固定显示在浏览器的右侧，离浏览器的顶部有一定的距离。

(2) 点击 QQ 图标发起临时会话。

4. 实验分析

利用 QQ 通讯组件生成图标，实现临时会话功能。利用固定定位实现图标固定显示在浏览器的右侧并且与顶部有一定的距离的布局。

5. 实现步骤

(1) 新建 HTML 文档，并保存为"qq.html"。

(2) 登录 QQ 推广网站(http://shang.qq.com/v3/index.html)，点击"推广工具"，如图 8-6 所示。

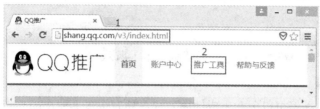

图 8-6　QQ 推广界面

(3) 显示登录 QQ 号对话框，在线填写 QQ 号登录 QQ，如图 8-7 所示。

图 8-7　QQ 号登录对话框

(4) 进入 QQ 通讯组件设置页面。选择组件样式，填写提示语，如图 8-8 所示。

图 8-8　QQ 通讯组件设置页面

(5) 复制代码到网页的相应位置。点击"复制代码",代码如下:

　　　　<a target="_blank" href="http://wpa.qq.com/msgrd?v=3&uin=123990509&site=qq&menu
=yes"><img border="0" src="http://wpa.qq.com/pa?p=2:123990509:53" alt="点击这里给我发消息"
title="点击这里给我发消息"/></a>

把代码粘贴到 QQ 图标的盒子中,网页 HTML 代码如下:

1　<!DOCTYPE html PUBLIC "-//W3C//DTD XHTML 1.0 Transitional//EN" "http://www.
w3.org/TR/xhtml1/DTD/xhtml1-transitional.dtd">

2 <html xmlns="http://www.w3.org/1999/xhtml">

3 <head>

4 <meta http-equiv="Content-Type" content="text/html; charset=utf-8" />

5 <title>在线 QQ 客服</title>

6 </head>

7 <body>

8 <div id="qq">

9 <a target="_blank" href="http://wpa.qq.com/msgrd?v=3&uin=123990509&site=qq&menu
=yes"><img border="0" src="http://wpa.qq.com/pa?p=2:123990509:53" alt="点击这里给我发消息" title="点击
这里给我发消息"/></a>

10 </div>

11 </body>

12 </html>

(6) 给 QQ 图标的盒子设置样式。

```
#qq{
position:fixed; /*设置盒子为固定定位方式*/
    right:0px; top:100px;/*设置固定定位坐标*/
}
```

保存代码后,在浏览器中预览,效果如图 8-5 所示。

6. 总结与扩展

本实验中用到的是 QQ 通讯组件,而在 QQ 互联网站(http://connect.qq.com/)上,还提供
分享组件、赞组件、关注组件等功能组件。

实验 3　社会化分享按钮

1. 考核知识点

社会化工具的应用。

2. 练习目标

掌握社会化工具的应用。

3. 实验内容及要求

请做出如图 8-9 所示的效果，并在 chrome 浏览器测试。

图 8-9   社会化工具右侧的浮窗效果

要求：

利用 JiaThisTM 社会化工具，制作侧栏式分享工具栏。

4. 实验分析

JiaThis(专业网站社会化工具提供商)集成了各平台的分享功能,各平台分享无需要再一一制作。JiaThis 提供的分享工具条按钮、形式、风格多种多样,本实验中的左侧浮窗效果是其效果的一种。

5. 实现步骤

(1) 新建 HTML 文档，并保存为"jiathis.html"。

(2) 登录"http://www.jiathis.com/"网站。在网站首页的"代码"菜单，点击"侧栏式"选项，操作页面如图 8-10 所示。

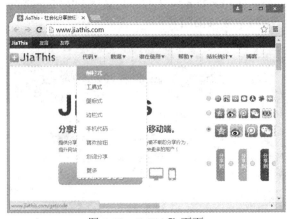

图 8-10   JiaThis™ 页面

(3) 进入"侧栏式"分享工具设置页面。在设置页面中选择工具的浮动位置、浮窗类型、按钮风格等，设置页面如图 8-11 所示。

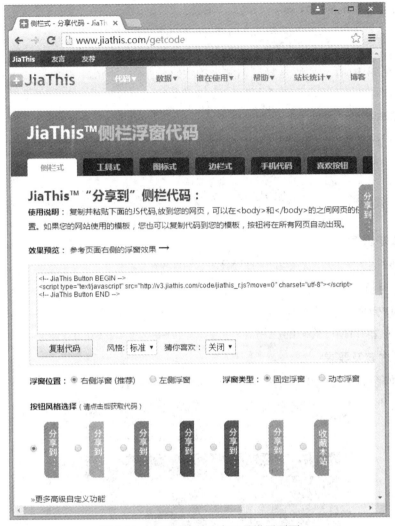

图 8-11　"侧栏式"分享工具设置页面

(4) 复制代码到网页。复制并粘贴代码到网页的\<body\>和\</body\>标签对之间的任意位置。HTML 文档代码如下：

1 \<!DOCTYPE html PUBLIC"-//W3C//DTD XHTML 1.0 Transitional//EN" "http://www.w3.org/TR/xhtml1/DTD/xhtml1-transitional.dtd"\>

2 \<html xmlns="http://www.w3.org/1999/xhtml"\>

3 \<head\>

4 \<meta http-equiv="Content-Type" content="text/html; charset=utf-8" /\>

5 \<title\>社会化工具\</title\>

6 \</head\>

7 \<body\>

8 \<!-- JiaThis Button BEGIN --\>

9 <script　　type="text/javascript"　　src="http://v3.jiathis.com/code/jiathis_r.js?move=0&btn=r4.gif"
charset="utf-8"></script>

10 <!-- JiaThis Button END -->

11 </body>

12 </html>

第 8 行至第 10 行的代码是复制粘贴来的代码，保存代码后，在浏览器中预览，效果如图 8-9 所示。

6. 总结与扩展

JiaThis™ 社会化分享按钮支持 PC 端和移动端，其按钮形式风格多样。

实验4　媒体与搜索

1. 考核知识点

百度搜索框的应用、优酷分享 HTML 代码的应用。

2. 练习目标

· 百度搜索框的应用。

· 优酷分享 HTML 代码的应用。

3. 实验内容及要求

请做出如图 8-12 所示的效果，并在 chrome 浏览器测试。

图 8-12　实验 4 效果图

要求：

(1) 在网页中放入优酷视频(papi 酱 2016 张总教你做电影)。

(2) 在网页中放百度搜索代码。

4. 实验分析

优酷视频的分享功能提供了实现分享功能所需的 HTML 代码,将该代码加入到网页中,即可实现插入优酷视频的功能;百度开放了免费下载百度搜索代码的功能,可将该代码加入网页中,即可实现同百度搜索引擎一样强大的搜索功能。

5. 实现步骤

(1) 新建 HTML 文档,并保存为"youkubaidu.html"。

(2) 在网页中放入优酷视频。登录优酷网站(http://www.youku.com/),搜索到"papi 酱 2016 张总教你做电影",进入该视频播放页面,在该页面中点击"分享",复制分享中的 HTML 代码,复制的代码如下:

```
<embed src="http://player.youku.com/player.php/sid/XMTQ4NTAyMTgxNg==/v.swf" allowFullScreen
="true" quality="high" width="480" height="400" align="middle" allowScriptAccess="always" type=
"application/x-shockwave-flash"></embed>
```

把复制的代码粘贴到 HTML 文档中放视频的位置。

(3) 在网页中放入百度搜索代码。登录百度站长平台的搜索代码页面(http://zhanzhang. baidu.com/tools/code),该页面如图 8-13 所示。

图 8-13　百度搜索代码页面

复制网页搜索的 HTML 代码并将其粘贴到 HTML 文档中的<body>标签中。保存代码后，在浏览器中预览，效果如图 8-12 所示。

6. 总结与扩展

利用优酷视频分享的 HTML 代码可以轻松地在网站上播放视频。制作有视频的网站，可以考虑把视频先上传到优酷网站上，然后再分享放入自己的网站。百度站长平台还有其他工具，详情请登录百度站长平台(http://zhanzhang.baidu.com/)。

第9章　网站布局综合实践

9.1　知识点梳理

1. 布局流程

(1) 确定页面的版心。

(2) 从上到下分析页面中的行模块。

(3) 分析每个行模块中的列模块。

(4) 运用盒子模型的内外边距、浮动、定位属性来控制网页各个模块的布局位置。

2. 常见布局

(1) 单列布局。如果网页内容从上到下只有一列，可用标准文档流实现布局。

(2) 两列布局。若网页内容分为左右两块，则用浮动实现左右排列布局。左边的块往左浮动，右边的块往右浮动。

在标准文档流中，块级元素默认一行只能显示一个，浮动用于实现多列功能，即使用 float 属性可以实现一行显示多个块级元素的功能。

(3) 三列布局或多列式布局。网页内容被分成并列的三块或多块。各块要浮动，或把块设成行级块。

9.2　基础练习

制作如图 9-1 所示的图片展，下列实现代码不规范。请指出结构和样式有哪些问题，并优化下列代码。

图 9-1　图片展效果图

<!DOCTYPE html>

<html>

<head>

<meta charaset="utf-8" />

<title></title>

```
<style>
    #main{
        width:400px;
        height:200px;
        margin:0 auto;
        font-family:宋体;
        font-size:14px;}
    .item{width:160px;height:100px;margin:13px}
    .item p{
        color:blue;
        text-decoration:none;
        cursor:pointer;
        margin-top:-3px;}
    ul{padding:0;}
    li{list-style:none;float:left;}
</style>
</head>
<body>
<div id="main">
    <ul>
        <li>
            <div class="item">
                <img src="1.png" style="padding:4px;border:1px solid #ccc;" />
                <p>桂电校园 <span style="color:#ccc;">-</span><small>教学楼</small>
                    <img src="play.png" style="position:relative;top:4px;left:45px;" />
                </p>
            </div>
        </li>
        <li>
            <div class="item" >
                <img src="2.png" style="padding:4px;border:1px solid #ccc;" />
                <p>桂电校园 <span style="color:#ccc;">-</span>
                        <small>足球运动场</small>
                    <img src="play.png" style="position:relative;top:4px;left:20px;" />
                </p>
            </div>
        </li>
    </ul>
</div>
</body>
</html>
```

9.3 动手实践

实验 制作"食来运转"网站首页

1. 考核知识点

掌握站点的建立方法，综合应用前面章节学习的 HTML 标签、CSS 样式属性以及布局和排版等知识点。

2. 练习目标

- 掌握站点建立的方法。
- 按照网页设计图制作网页。
- 实现网页布局、样式的设置。

3. 实验内容及要求

"食来运转"网站首页设计图如图 9-2 所示，按此设计图制作完成整个页面，要求制作的页面与设计图稿保持一致。

图 9-2 "食来运转"网站首页设计效果图

4. 实验分析

本实验要完成一个网站的整个首页，涉及样式文件、网页文件以及较多的图片文件。为了管理系统的网站的文件，需要建立一个专门存放网站中用到文件的文件夹。

1) 布局分析

整个页面依次可以分为头部、banner 焦点图、主要内容展示区块、店面特色展示区块、门店图片展示区块、资讯区块、底部导航、版权信息八个模块，布局分析如图 9-3 所示。

图 9-3　首页布局分析图

2) 样式分析

页面的版心为 1200 px，所用字体均为微软雅黑，这些相同的样式可以提前定义。

5. 实现步骤

1) 建立站点

第一步，创立站目录。在"d:\htmlcss"文件夹下新建"chapter9"文件夹作为网站的根目录。然后在该目录下新建"CSS"和"images"两个文件夹，分别用于保存网站所需的 CSS 样式表和图片文件，目录结构如图 9-4 所示。

图 9-4　样式表、图片所在的文件夹

第二步，创建站点。打开 Dreamweaver，选择菜单栏"站点→新建站点"命令打开"站点设置对象"对话框。在该对话框左侧列表中选择"站点"选项，然后在右侧的"站点名称"中输入站点的名称"食来运转"，通过"浏览"图标选择站点根目录的存储位置为"d:\htmlcss"，如图 9-5 所示。最后单击"保存"按钮，这时如果在"文件"面板中可以查看到站点的文件夹信息，则表示站点创建成功。

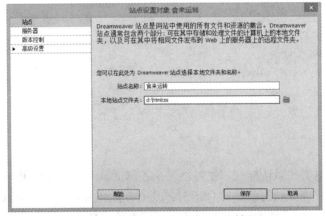

图 9-5　"站点设置对象"对话框

2) 新建 HTML 文档，文件名命名为"index.html"(首页文件名一般用"index"命名)，并保存到网站的根目录下。

3) 首页的整体布局结构

前文已对首页进行了布局分析，接下来代码实现，具体代码如下：

```
<!DOCTYPE html >
<head>
<meta charset=utf-8 />
<title>食来运转</title>
</head>
<body>
<!--header 开始-->
<div id="header"></div>
<!--header 结束-->
<!--banner 开始-->
<div id="banner"/div>
<!--banner 结束-->
<!--main 开始-->
```

```
<div id="main"></div>
<!--main 结束-->
<!--门店特色开始-->
<div id="feature"></div>
<!--门店特色结束-->
<!--门店展示开始-->
<div id="show"></div>
<!--门店展示结束-->
<!--资讯区块开始-->
<div id="news"></div>
<!--资讯区块结束-->
<!--底部导航 nav 开始-->
<div id="foot-nav"></div>
<!--底部导航 nav 结束-->
<!--copyRight 开始-->
<div id="copyRight"></div>
<!--copyRight 结束-->
</body>
</html>
```

4) 定义公共样式

为了清除各浏览器的默认样式，使得网页在各浏览器中显示的效果一致，在完成首页的整体框架布局后，首先要做的就是对 CSS 样式进行初始化并定义公共样式。新建样式文件，命名为"index.css"，并保存到 CSS 目录下，然后在该文件中编写公共样式，具体如下：

```
/*样式重置(reset)*/
body,h1,h2,h3,h4,h5,p,ul,li,img,a{
    margin:0px; /*设置各元素的外边距为 0*/
    padding:0px; /*设置各元素的内边距为 0*/
    borber:0; /*设置各元素的边框为 0*/
    list-style:none; /*清除列表默认项目符号*/
text-decoration:none; /*设置文本不添加修饰*/
}
/*全局控制*/
body{
    font-size:12px; /*设置文本的字号*/
    font-family:"微软雅黑"; /*设置文本的字体*/
    font-weight:bold; /*设置文本字体加粗*/
}
```

5) 各模块制作

(1) 头部模块——Logo 和导航的实现。

① 结构分析。从效果图可看出，网页的头部可以分为上面(Logo)，下面(导航 Nav)两

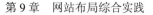

个部分，上面 Logo 图片可以用图片标签<img/>定义，导航项用<a>标签来定义。头部盒子中设置底纹背景，具体结构分析如图 9-6 所示。

图 9-6　头部结构分析图

② 准备图片素材。准备 Logo 图片文件"logo.png"和背景图片文件"bg.jpg"，并保存在"images/index/"文件夹下。

③ 搭建结构。在完成准备工作后，接下来开始搭建 Logo 和导航的结构。在"index.html"文件内的"<div id="header"></div>"标签中添加 Logo 和导航 Nav 的 HTML 结构代码，具体如下：

```
<div id="header">
    <!--logo 开始-->
    <div class="logo"><img src="images/logo.png" width="86" height="94"></div>
    <!--logo 结束-->
    <!--nav 开始-->
    <div class="nav">
        <a href="index.html" class="ys">首页</a>
        <a href="brand.html">品牌介绍</a>
        <a href="feature.html">特色美食</a>
        <a href="stores.html">门店展示 </a>
        <a href="new.html">新闻活动</a>
        <a href="zsjm.html">招商加盟</a>
        <a href="#">客户服务</a>
        <a href="#">人力资源</a>
        <a href="#">联系我们</a>
    </div>
    <!-- nav 结束-->
</div>
<!--header 结束-->
```

保存代码后，在浏览器中预览，效果如图 9-7 所示。

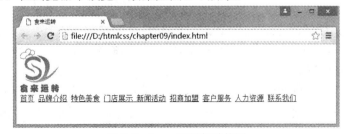

图 9-7　Logo 和导航结构图

④ 设置样式。在样式表"index.css"中添加对应的 CSS 样式代码, 具体如下:

(a) 设置头部大盒子的宽高、背景、边框及居中显示。

```
/*头部样式*/
#header{
        width: 1200px; /*盒子的宽度*/
        height: 165px;   /*盒子的高度*/
        margin: 0 auto; /*设置盒子左右居中*/
        background-image: url(../images/index/diwen.jpg); /*设置头部的背景图*/
        border-bottom: 2px solid #666; /*设置盒子的下边框*/
    text-align:center;/*设置盒子中的内容居中显示, 实现 logo 图片、导航栏居中显示*/}
```

(b) 设置导航栏样式。

```
#header .nav a {
        font-size: 14px; /*设置文本的字号*/
        color: #3c3c3c;   /*设置字体的颜色*/
        display: inline-block;/*将 a 元素转为行内块级元素, 使其支持高宽设置*/
        padding:0 30px;   /*设置 a 元素的左右内边距, 实现 a 元素之间的距离*/
        height: 64px;   /*设置 a 元素的高度*/
        line-height: 64px;/*设置文本的行高, 行高与 a 元素的高度一样高, 实现垂直居中*/
        text-align: center; /*设置文本在区块中居中显示*/
    }
```

(c) 设置"首页"导航栏的颜色。

```
#header .nav .current{
        color: #ff7d09;
    }
```

保存"index.css"样式文件, 并在"index.html"文件中链入外部文件"index.css"样式文件, 具体代码如下:

```
<link rel="stylesheet" type="text/css" href="css/index.css">
```

保存"index.html"文件, 然后刷新页面, 效果如图 9-8 所示

图 9-8　头部制作效果图

(2) 制作 banner 模块。

① 结构分析。banner 模块是一张广告图, 用<img/>标签定义。

② 准备图片素材。准备 banner 图片文件"banner.jpg", 并保存在"images/index/"文件夹下。

③ 搭建结构。在首页文档 index.html 的 "<div id="banner"></div>" 标签中添加 banner 结构代码，具体代码如下：

```
<!--banner 开始-->
<div id="banner">
<img src="images/index/banner.jpg">
</div>
<!--banner 图结束-->
```

④ 设置样式。

```
/*banner 盒子样式*/
#banner{
        width: 1200px;    /*盒子的宽度*/
        height: 451px;    /*盒子的高度*/
        margin: 0 auto;   /*设置盒子内容左右居中*/
        margin-bottom:40px; /*设置盒子下外边距为 40px*/
}
```

保存文件，并刷新页面，预览效果。

(3) 制作主体内容区域。

① 结构分析。从主体内容的效果图可以看出，该区域是一个选项卡，模块可以分为上、下两部分，其中上面部分是选项卡的标题，下面部分是选项卡的内容区域。内容区域又可以分成上下两部分，其具体结构如图 9-9 所示。

图 9-9　主体内容区域结构分析图

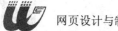

② 准备图片素材。主体内容区域所需要的图片素材包括：早餐本地化展示图
"zaocan.jpg"、美食展示图系列"01.jpg～08.jpg"和三角图标"icon1.jpg"。将图片文件
保存到"images/index/"文件夹下。

③ 搭建结构。在首页文档 index.html 的"<div id="main"></div>"标签中添加主体内
容结构代码，具体代码如下：

```
<!--main 开始-->
<div id="main">
    <!--tabnav 开始-->
    <div class="tabnav">
        <ul>
            <li class="current"><span>早餐本地化</span></li>
            <li><span>中餐快餐化</span></li>
            <li><span>晚餐特色化</span></li>
        </ul>
    </div>
    <!--tabnav 结束-->
    <!--tabcon 开始-->
    <div class="tabcon">
        <!--title 开始-->
        <div class="title">
            <img src="images/index/zaocan.jpg">
        </div>
        <!--title 结束-->
        <!--imglist 开始-->
        <div class="imglist">
            <ul>
                <li><img src="images/index/01.jpg"><p>营养卷饼</p></li>
                <li><img src="images/index/02.jpg"><p>美味养生粥</p></li>
                <li><img src="images/index/03.jpg"><p>养生鸡汤面</p></li>
                <li><img src="images/index/04.jpg"><p>可口小笼包</p></li>
                <li><img src="images/index/05.jpg"><p>香脆煎饼</p></li>
                <li><img src="images/index/06.jpg"><p>营养燕麦粥</p></li>
                <li><img src="images/index/07.jpg"><p>爽口卷菜饼</p></li>
                <li><img src="images/index/08.jpg"><p>香辣肉拌面</p></li>
            </ul>
        </div>
        <!--imglist 结束-->
    </div>
    <!--tabcon 结束-->
</div>
<!--main 结束-->
```

④　设置样式。

(a)　设置主体大盒子的样式。

```
#main{
        width:1000px;   /*盒子的宽度*/
        margin:0px auto; /*设置盒子上下外边为 0px，左右居中*/
        height:710px; /*盒子的高度*/
    }
```

(b)　设置选项卡标题的样式。

```
#main .tabnav {
        height: 53px;   /*盒子的高度*/
        overflow:hidden;/*溢出隐藏，清除浮动*/
    }
#main .tabnav ul {
        width:1300px; /*宽度大于 1000px，父盒子设置有溢出隐藏，是为了隐藏靠右边项的右外边
距,实现最右边项紧靠边框*/
        margin-top:-13px;
    }
#main .tabnav ul li {
        float:left;/*设置列表项左浮动*/
        height: 53px; /*设置列表项的高度*/
        width: 330px; /*设置列表项的宽度*/
        margin-right:5px;/*设置列表项之间的间距*/
    }
#main .tabnav ul li span{
        display:block; /*转换成块级元素*/
        height: 40px; /*设置高度*/
        width: 330px; /*设置宽度*/
        background-color: #ececec; /*设置背景颜色*/
        font-size: 18px; /*设置文本的字体大小*/
        color:#ff6c0d;/*设置字体的颜色*/
        text-align: center; /*设置区块水平居中显示*/
        line-height: 40px; /*设置文本的行高与盒子的高度相同，垂直居中显示*/
    }
```

(c)　设置当前选项卡的样式。

```
#main .tabnav .current{
        background:url(../images/index/icon1.jpg) no-repeat  center  bottom;/*设置在底部居中显示
三角形图片*/
    }
#main .tabnav .current span{
```

```
        background-color: #ff6c0d;  /*设置背景颜色*/
        color:#fff;/*设置字体颜色为白色*/
        }
```

(d) 设计标题图片区域样式。

```
    #main .title{margin-top:13px;}
```

(e) 设置美食展示图样式。

```
    #main .tabcon .imglist{
        width:1000px;
        overflow:hidden; /*溢出隐藏，清除浮动*/
        }
    #main .tabcon .imglist ul {
    width:1200px; /*宽度大于1000px，父盒子设置有溢出隐藏，是为了隐藏靠右边项的右外边距，
实现最右边项紧靠边*/
    }
    #main .tabcon .imglist ul li {
        float:left;/*设置列表项左浮动*/
        margin-right:13px; /*设置盒子的外右边距，实现各项之间的间距*/
        padding-top: 26px; /*设置盒子的外上边距，实现各行之间的间距*/
    }
    #main .imglist ul li p {
        font-size: 14px;        /*设置文本的字号*/
        text-align: center;   /*设置区文字水平居中显示*/
        margin-top: 19px;     /*设置文字与图片底部的距离*/
    }
```

保存文件，刷新页面，预览效果如图 9-10 所示。

图 9-10　主体内容区域效果图

（4）制作店面特色展示区块。

① 结构分析。此区块可以分析为在一个大盒子里有左中右三个并列的盒子，且列的三个盒子里的内容结构相同，都可以分为上下两块，上部区块由一个标题和一张图片组成，下部区块由标题和文字段落构成。除背景色不同之外，三块结构的其他效果都相同，结构分析图如图 9-11 所示。

图 9-11　门店特色区域结构分析图

② 准备图片素材。此区域只需准备好三个图标"icon1.png、icon2.png、icon3.png"，图片文件保存在"images/index/"文件夹下。

③ 搭建结构。在首页文档 index.html 的"<div id="feature"></div>"标签中添加门店特色结构代码，具体代码如下：

```
<!--门店特色开始-->
<div id="feature">
<!--餐厅设计模块开始-->
    <div class="box left">
    <div class="top">
        <h1>餐厅设计</h1>
            <img src="images/index/icon1.png" width="159" height="91">
        </div>
        <div class="bottom">
        <h2><span>0</span>设计费</h2>
            <h3>全程设计跟踪</h3>
            <p>快餐店内部的设计与布局既要考虑全局与部分间的和谐、均匀、对称，又
要使设计表现出浓郁的风格情调，让客人一进快餐店在视觉和感觉上都能强烈地感受到形式美与艺
术美，得到一种享受</p>
        </div>
    </div>
    <!--餐厅设计模块结束-->
    <!--厨师团队模块开始-->
```

```
        <div class="box center">
            <div class="top">
                <h1>厨师团队</h1>
                <img src="images/index/icon2.png" width="131" height="104" />
            </div>
            <div class="bottom">
                <h2><span>100</span>家门店</h2>
                <h3>厨师团队指导</h3>
                <p>我们会在开业前或更新时派遣厨务督导去分店对厨师进行培训，当然分店也可
以派遣自己的厨师到总部来学习，总部会将这些厨师的学习报告发送给业主以便您了解他们的情况。</p>
            </div>
        </div>
        <!--厨师团队模块结束-->
        <!--管理经营模块开始-->
        <div class="box right">
            <div class="top">
                <h1>管理经营</h1>
                <img src="images/index/icon3.png" width="102" height="99" />
            </div>
            <div class="bottom">
                <h2><span>500</span>人团队</h2>
                <h3>经营管理支持</h3>
                <p>快餐店的开业指导，需要细化细节，进行详细指导。具体分为以下步骤。
成立筹备小组，确定小组成员及分工，开始着手制定员工手册、规章制度、服务程序、岗位职责等。
</p>
            </div>
        </div>
        <!--管理经营模块结束-->
    </div>
<!--门店特色结束-->
```

④ 设置样式。

(a) 设置大盒子的样式。

```
#feature {
    width: 1000px;        /*设置盒子的宽度*/
    height: 455px;        /*设置盒子的高度*/
    margin:70px auto 0px;        /*设置盒子的上外边距为 70px，左右居中，下外边距 0px*/
    color:#fff; /*设计字体为白色*/
}
```

(b) 设置三个区块的样式。

```
#feature.box{
        float: left;                    /*设置盒子左浮动，实现三个盒子并列*/
        height: 455px;                    /*设置盒子的高度*/
        width: 330px;                    /*设置盒子的宽度*/
        margin-right: 5px;                /*设置盒子的右外边距，实现盒子间距*/
        padding:30px;
        box-sizing:border-box;/* box-sizing 设置为 "border-box"，在指定宽度和高度的框中，把边
框和内边距放入。*/
    }
#feature.left{background-color: #f4ac22; /*设置盒子的背景颜色*/}
#feature.center{background-color: #fb7c53; /*设置盒子的背景颜色*/}
#feature.right{
        margin-right: 0px;/*设置最后盒子右外边距为 0px*/
        background-color: #fb5c59;    /*设置盒子的背景颜色*/
    }
```

(c) 设置区块上面部分的样式。

```
#feature.top {
        text-align: center;    /*设置区块内容居中显示*/
        height: 178px; /*设置盒子的高度*/
        border-bottom: 1px solid #FFF; /*设置盒子的下边框*/
        margin: 0px auto 30px; /* 设置盒子的外边距上为 0，左右居中，下为 30px*/
    }
#feature.top h1 {
        font-size: 30px; /*设置文本的字号*/
        text-align: center;/*设置区块内容居中显示*/
        margin-bottom: 15px; /*设置盒子的下外边距*/
    }
```

(d) 设置区块下面部分内容的样式。

```
#feature h2{
        font-size:28px;
        margin-bottom:10px;
        clear:both;/*清除浮动*/
    }
#feature h2 span{
        float:left; /* 设置 h2 标签的首字为浮动，让其占据多行的空间 */
        font-weight:bold; /*字体加粗*/
        font-size:72px; /*字体大小 72px*/
        font-family:Impact;
        margin-top:-10px;
        padding:0px 20px 0px 10px;
```

```
        }
    #feature h3{ font-size:18px;}
    #feature p{
            margin-top:35px;
            line-height:20px;/*设置文本的行高*/
}
```

保存文件，刷新页面，预览效果。

(5) 制作门店展示区块。

① 结构分析。此区块较为简单，可分为标题和图片列表。结构分析如图 9-12 所示。

图 9-12　门店展示区块结构分析图

② 准备图片素材。此区块需准备好一个图标"icon4.png"，门店展示图系列"1.jpg"至"4.jpg"，并将图片文件保存到"images/index/"文件夹下。

③ 搭建结构。在首页文档 index.html 的"<div id="show"></div>"标签中添加门店展示区块结构代码，具体代码如下：

```
    <!--门店展示开始-->
    <div id="show">
            <h1>门店展示</h1>
            <ul>
                    <li><img src="images/index/1.jpg"  /></li>
                    <li><img src="images/index/2.jpg"  /></li>
                    <li><img src="images/index/3.jpg"  /></li>
                    <li><img src="images/index/4.jpg"  /></li>
            </ul>
    </div>
    <!--门店展示结束-->
```

④ 设置样式。

(a) 设置大盒子的样式。

```
    #show{
            width: 1200px;   /*设置盒子的宽度*/
            margin:70px auto;  /*设置盒子的上下外边距为 70px，左右居中*/
            overflow:hidden;/*溢出隐藏，清除浮动*/
    }
```

(b) 设置标题的样式。

```
#show h1 {
        background: url(../images/index/icon4.png) no-repeat left bottom;/*图标设置成背景图，定位在左下
                                                                   方向*/
        height:30px; /*设置盒子的高度*/
        padding-left:45px;/*设置盒子的左内边距，用来显示图标*/
        margin-left:90px; /*设置盒子的左外边距*/
        margin-bottom:25px;/*设置盒子的下外边距*/
        font-size: 30px; /*设置文本的字号*/
        color: #fc8b79;   /*设置文本的颜色*/
        line-height:30px;
    }
```

(c) 设置图片列表部分的样式。

```
#show ul {
        height: 260px; /*设置盒子的高度*/
        background-color: #f1f1f1; /*设置盒子的背景颜色*/
        width:1230px; /*宽度大于1200px, 父盒子设置有溢出隐藏, 是为了隐藏靠右边项的右外边
距,实现最右边项紧靠边*/
    }
#show ul li{
        float:left;/*各列表项左浮动*/
        margin-top:20px; /*设置盒子的上外边距*/
        margin-right:13px;   /*各列表项之间的间距*/
    }
```

保存文件，刷新页面，预览效果。

(6) 制作资讯区块。

① 结构分析。此区块可以分成左右两大块，各块又可以分成上下两部分，上面部分是标题，下面部分是内容，左侧的下面部分又可分为左右两块，结构分析图如图 9-13 所示。

图 9-13　资讯区块结构分析图

② 准备图片素材。此区块只需准备好两个图标"icon5.png"和"icon6.png"，两张图片"newsleft.jpg"和"newsright.jpg"，并将图片文件保存到"images/index/"文件夹下。

③ 搭建结构。在首页文档 index.html 的"<div id="news"></div>"标签中添加资讯区块的结构代码，具体代码如下：

```
<!--资讯区块开始-->
<div id="news">
<!--news-left 开始-->
    <div class="news-left">
    <h1>美食资讯</h1>
        <!--left 开始-->
        <div class="left">
            <p>中式快餐逐渐成为餐饮行业主流快餐......</p>
        </div>
        <!--left 结束-->
        <!--right 开始-->
        <div class="right">
            <ul>
            <li><a href="#">一店多餐"多元化经营模式引领餐......</a></li>
            <li><a href="#">连锁中式快餐加盟企业如何做大做......</a></li>
            <li><a href="#">休闲餐市场看好快餐放慢脚步全面......</a></li>
            <li><a href="#">推出宵夜下午茶进军休闲餐饮市场......</a></li>
            <li><a href="#">大众餐饮引潮流中式快餐渐成餐饮 ......</a></li>
            <li><a href="#">大众餐饮引潮流中式快餐渐成餐饮 ......</a></li>
            <li><a href="#">大众餐饮引潮流中式快餐渐成餐饮 ......</a></li>
            </ul>
        </div>
        <!--right 结束-->
        </div>
    <!--news-left 结束-->
    <!--new-right 开始-->
    <div class="news-right">
        <h1>联系加盟</h1>
        <div class="conten">
            <p>食来运转餐饮管理有限公司成立于2012年，作为首家全国连锁中式自选快餐品牌，在中式快餐业首次提出了连锁餐饮菜品本地化运营的模式，实现了连锁快餐区域化发展，成为中国发展最为迅速的中式连锁快餐。</p>
        </div>
    </div>
    <!--new-right 结束-->
</div>
<!-- 资讯区块结束-->
```

④ 设置样式。

(a) 设置大盒子的样式。

```
#news{
    width: 1000px;              /*设置盒子的宽度*/
    height: 250px;              /*设置盒子的高度*/
    margin:0 auto;              /*设置盒子的外边距上下为 0，左右居中*/
    padding-bottom: 100px;     /*设置盒子的内下边距*/
}
```

(b) 设置左边美食资讯区域的样式。

```
/*设置美食资讯区域大盒子的样式*/
#news .news-left {
    float: left;      /*设置盒子左浮动*/
    height: 250px;    /*设置盒子的高度*/
    width: 551px;     /*设置盒子的宽度*/
}


/*设置标题的样式*/
#news .news-left h1 {
    width: 551px;       /*设置盒子的宽度*/
    background: url(../images/index/H.png) no-repeat;
    height:30px; /*设置盒子的高度*/
    padding-left:45px; /*设置盒子的左内边距，用来显示图标*/
    margin-bottom:25px;/*设置盒子的下外边距*/
    font-size: 30px; /*设置文本的字号*/
    color: #fc8b79;   /*设置文本的颜色*/
    line-height:30px;
}


/*设置左侧图片区域的样式*/
#news .news-left .left {
    height: 195px;/*设置盒子的高度*/
    width: 250px; /*设置盒子的宽度*/
    float: left;   /*设置盒子左浮动*/
    background:  url(../images/index/14.jpg) no-repeat;/*设置背景图片，不平铺*/
    position: relative;   /*相对定位*/
}


/*设置左侧图片区域上文字的样式*/
#news .news-left .left p{
    background: rgba(0,0,0,0.5);/*设置盒子的背景颜色*/
    font-size: 12px;        /*设置文本的字号*/
```

```
    color: #FFF;            /*设置文本的颜色*/

    height: 36px;           /*设置盒子的高度*/

    width: 250px;            /*设置盒子的宽度*/

    line-height: 36px;      /*设置文本的行高*/

    text-align: center;     /*设置区块居中显示*/

    position:absolute;      /*绝对定位*/

    bottom:0px               /*设置下边距*/

}
/*设置文章标题列表区域样式*/
#news .news-left .right{

    float: left;        /*设置盒子左浮动*/

    height: 195px;      /*设置盒子的高度*/

    width: 301px;        /*设置盒子的宽度*/

}
#news .news-left .right ul li {

    font-size: 12px;    /*设置文本的字号*/

    color:#999;         /*设置文本的颜色*/

    line-height: 29px;   /*设置文本的行高*/

    list-style-type:square; /*设置列表标记是实心方块*/

    list-style-position:inside; /*设置列表项目标记放置在文本以内*/

    padding-left: 10px;   /*设置盒子的左内边距*/

    /*下面4个样式属性设置当文本溢出时显示省略标记*/

    width: 210px;/*设置文字区域的宽度*/

    white-space:nowrap;/*强制文本不换行在一行内显示*/

    overflow:hidden;/*溢出内容为隐藏*/

    text-overflow:ellipsis;/*溢出文本显示省略号*/

}
```

(c) 设置右边联系加盟区域的样式。

```
/*设置联系加盟区域大盒子的样式*/
.news-right {

    float: left; /*设置盒子左浮动*/

    height: 300px;/*设置盒子的高度*/

    width: 449px; /*设置盒子的宽度*/

}
/*设置标题的样式*/
#news .news-right h1 {

    width: 449px; /*设置盒子的宽度*/

    background: url(../images/index/dianhua.png) no-repeat; /*设置背景图片，不平铺*/

    height:30px; /*设置盒子的高度*/
```

```
        padding-left:45px; /*设置盒子的左内边距, 用来显示图标*/
        margin-bottom:25px;/*设置盒子的下外边距*/
        font-size: 30px; /*设置文本的字号*/
        color: #fc8b79;  /*设置文本的颜色*/
        line-height:30px;
    }
    /*设置内容区域的样式*/
    .news-right .conten {
        width:449px;  /*设置盒子的宽度*/
        height:210px; /*设置盒子的高度*/
        background:url(../images/index/jiameng.jpg) no-repeat ; /*设置背景图片*/
    }
    /*设置段落的样式*/
    #news .news-right .conten p{
        padding-top:130px; /*设置盒子的内上边距*/
        line-height:20px; /*设置文本的行高*/

    }
```

保存文件，刷新页面，预览效果。

(7) 制作脚部导航区块。

① 结构分析。此区块为导航栏，导航项用<a>标签来定义。导航栏效果如图 9-14 所示。

首页　　品牌介绍　　特色美食　　门店展示　　新闻活动　　招商加盟　　客户服务　　人力资源　　联系我们

图 9-14　脚部导航栏

② 搭建结构。在首页文档 index.html 的 "<div id="foot-nav"></div>" 标签中添加导航区块的结构代码，具体代码如下：

```
    <!--底部导航 nav 开始-->
    <div id="foot-nav">
        <a href="index.html">首页</a>
        <a href="brand.html">品牌介绍</a>
        <a href="feature.html">特色美食</a>
        <a href="stores.html">门店展示 </a>
        <a href="new.html">新闻活动</a>
        <a href="zsjm.html">招商加盟</a>
        <a href="#">客户服务</a>
        <a href="#">人力资源</a>
        <a href="#">联系我们</a>
    </div>
    <!--底部导航 nav 结束-->
```

③ 设置样式。

(a) 设置导航栏盒子的样式。

```
#foot-nav{
        width:1200px;          /*设置盒子的宽度*/
        height:35px;           /*设置盒子的高度*/
        background-color:#f97e05; /*设置盒子的背景色*/
        margin:0 auto;         /*设置盒子的外边距上下为 0，左右居中*/
        text-align:center;/*设置区块内容居中显示*/
}
```

(b) 设置导航项的样式。

```
#foot-nav a {
        display: inline-block;/*将 a 元素转为行内块级元素，使其支持高宽设置*/
        height: 35px;    /*设置文本的高度*/
        padding:0 30px;  /*设置 a 元素的左右内边距，实现 a 元素之间的距离*/
        font-size: 14px;  /*设置文本的字号*/
        line-height: 35px;  /*设置文本的行高，行高与 a 元素的高度一样高，实现垂直居中*/
        color: #FFF;  /*设置文本的颜色*/
        text-align: center; /*设置区块内容居中显示*/
}
```

保存文件，刷新页面，预览效果。

(8) 制作底部版权区块。

① 结构分析。底部版权区块内容由段落标签<p>定义，底部版权区块效果如图 9-15 所示。

图 9-15　底部版权区块

② 搭建结构。在首页文档 index.html 的 "<div id="copyRight"></div>" 标签中添加底部版权区块的结构代码，具体代码如下：

```
<div id="copyRight">
  <p>地址：xxxxxxxxxxxxx    邮箱：xxxxxxxx    电话：xxx</br>
copyRight&copy;2016xxxxx   ICP 备 xxxxx</p>
</div>
```

③ 设置样式。

(a) 设置底部版权区块盒子的样式。

```
#copyRight{
        width:1200px;                  /* 设置盒子的宽度*/
        height:120px;                  /*设置盒子的高度*/
        background-color:#ffaf66;      /*设置盒子的背景色 */
        margin:0 auto;/*设置盒子的外边距上下为 0，左右居中*/
}
```

(b) 设置版权区域段落的样式。

```
#copyRight p {
    font-size: 14px;/*设置文本的字号*/
    color: #FFF;/*设置文本的颜色*/
    text-align: center; /*设置区块内容居中显示*/
    padding-top: 50px; /*设置盒子的内上边距*/
}
```

保存文件，刷新页面，预览效果。至此，"食来运转"网站首页的制作已完成。

附录 各章基础练习参考答案

第2章 HTML入门

(1) head

(2) body

(3) keywords

(4) <h1>、</h1>、<p>、</p>

(5) left、center、right

(6) face、color、size

(7) 、©、<、>

(8) strong、em、del、u

(9) width、height、alt、border、vspace、hspace、align

(10) 对

(11) 否

第3章 CSS入门

(1) style

(2) <style></style>

(3) css

(4) font-size

(5) font-family

(6) text-indent

(7) font-weight

(8) font-style

(9) color

(10) line-height

(11) text-align

(12) text-decoration

(13) letter-spacing

(14) word-spacing

(15) "#"、","、"."

(16) 蓝色

第4章 盒子模型

(1) width、height、background、border、padding、margin

(2) border:2px solid red;

(3) padding:20px 30px 10px;

(4) margin:10px;

(5) margin:20px 10px;

(6) 宽度 = margin*2 + border*2 + padding*2 + content.width

　　　　 = 20*2 + 1*2 + 10*2 +200

　　　　 = 262 px

　　高度 = margin*2 + border*2 + padding*2 + content.height

　　　　 = 20*2 + 1*2 +10*2 + 50

　　　　 = 112px

(7) background-repeat:repeat-x;

(8) background-attachment:fixed;

(9) background-position: center center;

(10) display:inline;

(11) display:none;

(12) ① 对、② 对、③ 错、④ 错、⑤ 错

第 5 章　链接与列表

(1) a:link、a:visited、a:hover、a: active

(2) self

(3) name

(4) type="circle" 、type="square"

第 6 章　浮动与定位

(1) 脱离、不再

(2) 脱离、不再

(3) 在、仍

(4) 相对于最近的已经定位(绝对、固定或相对定位)的父元素

(5) 相对于元素本身正常位置

(6) 固定定位

(7) static、relative、absolute、fixed

(8) left、right、top、bottom

(9) 定位、居上

(10) display:inline;、display:inline-block;、float:left/right; 、position:absolute;、position:fixed;

第 7 章　表格与表单

(1) table

(2) 最大

(3) text、password、radio、checkbox、button、submit、file、reset

(4) cols、rows

(5) phone

(6) <textarea cols="20" rows="5"> </textarea>

(7) <select size="5">

                <option>选项 1</option>

                <option>选项 2</option>

                <option>选项 3</option>

          ...

</select>

第 9 章　网站布局综合实践

代码优化如下：

```
<!DOCTYPE html>
<html>
<head>
<meta charaset="utf-8" />
<title></title>
<style>
    ul{padding:0;}
    li{list-style:none;float:left;}
    #main{width:400px;
        height:200px;
        margin:0 auto;
        font-family:宋体;
        font-size:14px;
        }
    .item{
        width:160px;
        height:100px;
        margin:13px
        }
    .item p{
        color:blue;
        text-decoration:none;
        cursor:pointer;
        margin-top:-3px;
        background:url(play.png) no-repeat right center;
        }
    img{
```

```
        padding:4px;
        border:1px solid #ccc;
    }
    .line{color:#ccc;}
</style>
</head>
<body>
<div id="main">
    <ul>
        <li class="item">
            <img src="1.png"   />
            <p>桂电校园 <span class="line">-</span><small>教学楼</small></p>
        </li>
        <li class="item">
            <img src="2.png" />
            <p>桂电校园 <span   class="line">-</span><small>足球运动场</small></p>
        </li>
    </ul>
</div>
</body>
</html>
```

参 考 文 献

[1]　传智播客高教产品研发部. 网页设计与制作(HTML+CSS). 北京：中国铁道出版社，
　　　2014.

[2]　传智播客高教产品研发部. HTML+CSS+JavaScript 网页制作案例教程. 北京：人民邮电
　　　出出版社，2015.